基于对地观测的生物多样性监测

——爱知生物多样性目标发展进程的跟踪监测方法回顾和未来机遇展望

生物多样性公约出版社（秘书处）编著
环境保护部卫星环境应用中心　译

中国环境出版社・北京

图书在版编目（CIP）数据

基于对地观测的生物多样性监测/加拿大生物多样性公约出版社（秘书处）编著；环境保护部卫星环境应用中心译. — 北京：中国环境出版社，2015.7

ISBN 978-7-5111-2488-3

Ⅰ. ①基… Ⅱ. ①加… ②环… Ⅲ. ①遥感技术－应用－生物多样性－监测 Ⅳ. ①Q16

中国版本图书馆CIP数据核字（2015）第179088号

出 版 人　王新程
策划编辑　王素娟
责任编辑　赵楠婕
责任校对　尹　芳
封面设计　岳　帅
内文制作　杨曙荣

出版发行　中国环境出版社
（100062 北京市东城区广渠门内大街16号）
网　　址：http://www.cesp.com.cn
电子邮箱：bjgl@cesp.com.cn
联系电话：010-67112765　编辑管理部
010-67162011　生态（水利水电）图书出版中心
发行热线：010-67125803 010-67113405（传真）
印　　刷　北京中科印刷有限公司
经　　销　各地新华书店
版　　次　2015年12月第1版
印　　次　2015年12月第1次印刷
开　　本　787×1092　1/16
印　　张　8.75
字　　数　200千字
定　　价　68.00元

编译委员会

前　言

生物多样性是人类赖以生存的条件，是经济发展的基础，生物多样性保护是当今国际社会最为瞩目的重大环境问题之一。我国是生物多样性最丰富的国家之一，生物多样性保护越来越受到重视。我国先后建立了400多个国家级自然保护区，不同类型、不同级别自然保护区面积达到了国土面积的14%，制定并发布了《中国生物多样性保护战略与行动计划（2011—2030)》，划定了32个陆地生物多样性保护优先区和3个海洋生物多样性保护优先区，生物多样性保护已成为全社会共识。

遥感对地观测技术因其宏观性、快速性和可重复性，在生物多样性监测评价中发挥着越来越重要的作用。在1997年发布的《中国生物多样性国情研究》中，遥感技术的应用就得到倡导，提出“要扩展遥感在土、水、植被资源、野生动物资源方面的调查、监测、分析、决策支持等领域的应用研究”。在实践中，环境保护部卫星环境应用中心充分应用国内外卫星数据资源，以秦岭、大巴山、西双版纳、大兴安岭、鄱阳湖等生物多样性保护优先区域为试点，初步建立了生态系统、重要物种生境及人类活动干扰状况的遥感监测评价指标和方法体系，为生物多样性保护管理提供了有力支撑。

目前，遥感对地观测技术在我国生物多样性保护中的应用刚刚起步，与欧美等发达国家相比，还有较大差距。生物多样性公约秘书处（Secretariat of the Convention on Biological Diversity）在2014年出版了《Earth Observation for Biodiversity Monitoring: A review of current approaches and future opportunities for tracking progress towards the Aichi Biodiversity Targets》报告，可在网站上公开获取，下载地址为：http://www.cbd.int/doc/publications/cbd-ts-72-en.pdf。该技术报告详细论述了生物多样性遥感观测指标以及在爱知生物多样性目标（2010年在日本爱知县召开的第10次缔约方会议上通过的多样性目标）中的应用情况，强调生物多样性遥感工作需要更多的生物多样性学者和遥感学者的密切合作，对我国生物多样性遥感应用工作具有非常好的借鉴作用。

本报告主要介绍遥感在爱知生物多样性目标中机遇、国家经验、限制和挑战。包括3大部分：第1部分主要介绍目前可使用的遥感产品及其应用情况和限制，采用信号灯系统对遥感数据在爱知目标中的可用性进行了评估；第2部分对已经应用遥感数据的国家案例进行了介绍和讨论；第3部分描述了遥感指标的限制因素和主要挑战，并对未来应用前景进行了展望。

本书经秘书处公约出版社同意和授权，由环境保护部卫星环境应用中心组织翻译和出版，中国科学院大学徐超昊、刘春蕾、华中农业大学郝弘睿参与了翻译工作。本书的出版得到了环境保护部自然生态保护司、生物多样性公约秘书处的大力支持，感谢Kata Koppel女士、孟菡博士、张文国处长、刘玉平处长、蔡蕾处长、蔡立杰先生、常江博士、徐宪立研究员、李俊生研究员、宋金玲副教授等领导和专家给予的帮助。

期望此译著的出版，能为我国生物多样性遥感监测与评价工作提供有价值的参考，促进生物多样性领域和遥感领域的相互了解，对国内从事生物多样性监测、评价和管理等相关领域的读者有所帮助。本书翻译质量由译者负完全责任，由于水平和时间有限，如有错漏之处恳请读者谅解，并热忱欢迎提出宝贵意见。

译　者

2015 年 3 月

英文版前言

2011—2020年度生物多样性战略计划及爱知生物多样性目标为未来十年的生物多样性保护活动提供了指导框架。为实现这一进程，需对该计划进行长期连续性的跟踪评估。全面而健全的监测系统可提供易于提取与理解的监测指标，这将极大提升我们实现目标的能力。

世界很多地方的生物多样性数据缺乏，原位监测数据可用性低、局限性高。基于航空、航天和地面传感器的对地监测数据在提高监测系统能力上发挥着重要作用，可以很好地与地面观测数据相互补充。此外，由于对地观测数据需要原位数据的验证，进而也在很大程度上促进了野外数据的收集，例如用于地表验证。

本报告展示了如何将对地观测技术用于生物多样性监测，以及如何利用这些技术获取一些与爱知生物多样性目标相关的指标。报告清晰地阐述了利用遥感平台从基本生物多样性变量（Essential Biodiversity Variables）到具体生物多样性指标的提取过程，最终到评估爱知生物多样性目标的进展情况，并将其作为重大决策的支撑。很明显地，在生物多样性监测方面，遥感产品（现有和新兴的）有很大的潜能。当然，也需要平衡新产品的研发与延续现有观测的利弊。一致的、相对简单易读的、长时间序列的与生物多样性相关的对地观测数据集如土地覆盖等是当前迫切需求的。一旦实现，将极大提高我们对生物多样性及生态系统回顾性评估的能力，从而为制定更加正确的政策提供服务。

本报告力求为对地观测专家、生物多样性科学家以及决策者这三大群体提供信息资源；旨在为他们创造一个共同的坚实平台，进而促进更深层次的对话交流。我们希望这将鼓励越来越多的读者认识到本书中所展示工具的价值及其潜力，利用一切机会、并创造各种条件以提高国家和国际层面生物多样性监测和评估的水平。

Braulio Ferreira de Souza Dias
Executive Secretary,
Convention on Biological Diversity

Bruno Oberle
Director,
Swiss Federal Office for the Environment

Jon Hutton
Director,
UNEP World Conservation Monitoring Centre

CBD 技术报告 NO.72

基于对地观测的生物多样性监测

——爱知生物多样性目标发展进程的跟踪监测方法回顾和未来机遇展望

由生物多样性公约出版社（秘书处）出版。

ISBN 92-9225- 517-7（打印版本）；

ISBN 92-9225-518-5（网页版本）

引用：

Secades, C., O'Connor, B., Brown, C. and Walpole, M. (2014).*Earth Observation for Biodiversity Monitoring: A review of current approachesand future opportunities for tracking progress towards the Aichi BiodiversityTargets*. Secretariat of the Convention on Biological Diversity, Montréal, Canada.Technical Series No. 72, 183 pages.

技术系列第 72183 页。

要想获得更多的信息，请联系：

加拿大魁北克蒙特利尔世界贸易中心，圣假克街 413 号，第 800 号套房，生物多样性公约出版社（秘书处）H2Y 1N9

电话：+1（514）2882220

传真：+1（514）2886588

电子邮箱：secretariat@cbd.int

网站：http://www.cbd.int/

照片来源：

封面：欧空局（ESA）

扉页、英文版前言、第 1、7、23、31、38 页：欧空局（ESA）

目录页：Baobab tree in Senegal . Frederic Prochasson

第 40 页：Tree trunks image 26729623 .used under licence of Shutterstock.com

排版：Ralph Design Ltd www.ralphdesign.co.uk

印刷：Reprohouse www.reprohouse.co.uk

本书编者：

主要作者：

Lead authors Cristina Secades, Brian O' Connor, Claire Brown and Matt Walpole, United Nations Environment Programme World Conservation Monitoring Centre (UNEP-WCMC)

参与作者：

Andrew Skidmore, Tiejun Wang, Thomas Groen, Matt Herkt and Aidin Niamir (University of Twente); Amy Milam (independent consultant); Alexander Held, AusCover Facility of the Terrestrial Ecosystem Research Network (TERN) and Commonwealth Scientific and Industrial Research Organization (CSIRO); Heather Terrapon, South Africa National Biodiversity Institute (SANBI); Nicholas Coops, University British Columbia (UBC); Michael Wulder, Canadian Forest Service (CFS); Trisalyn Nelson, University of Victoria (UV); Margaret Andrew with the support of Ryan Powers, Jessica Fitterer and Shanley Thompson, Murdoch University; Jose Carlos Epiphano, Brazil National Institute for Space Research (BNISR): Reiichiro Ishii, Rikie Suzuki, Japan Agency for Marine-Earth Science and Technology (JAMSTE); Hiroyuki Muraoka, Gifu University; Kenlo Nishida Nasahara, University of Tsukuba and Japan Aerospace Exploration Agency/ Earth Observation Research Center (JAXA/EORC); and Hiroya Yamano, National Institute for Environment Studies (NIES).

致谢：

Marc Paganini, European Space Agency (ESA); Gary Geller and Woody Turner, National Aeronautics and Space Administration (NASA); Bob Scholes, South Africa Council for Scientific and Industrial Research (CSIR); Edward Mitchard, Edinburgh University; France Gerard, Centre for Ecology and Hydrology (FGCEH); Hervé Jeanjean, French Space Agency (CNES); Hiroya Yamano and Kiyono Katsumata, Center for Enviornmental Biology and Ecosystem Studies, National Institute for Environmental Studies (NIES), Japan; Michael Schaepman, University of Zurich; Zoltan Szantoi, Gregoire Dubois, Evangelia Drakou, Juliana Stropp, Joysee M. Rodriguez, Aymen Charef, Ilaria Palumbo and Will Temperley, Joint Research Centre (JRC); Mark Spalding, The Nature Conservancy (TNC);Matthew Hansen, University of Maryland; Peter Fretwell, British Antarctic Survey (BAS); Rob Rose, Wildlife Conservation Society (WCS); Ruth de Fries, Columbia University; Ruth Swetnam, Staffordshire University; Colette Wabnitz, Secretariat of the Pacific Community (SPC); Susana Baena, Kew Royal Botanic Gardens; Gilberto Camara(INPE); Chen Jun, National Geomatics Center of China; Yichuan Shi, International Union for Conservation of Nature (IUCN); Andreas Obrecht, Swiss Federal Office for the Environment (SFOE); Natalie Petorelli, Zoological Society of London (ZSL); Martin Wegmann, Committee on Earth Observation Satellites (CEOS); Daniel Piechowski, Max Planck Institute for Ornithology; David Cooper, Robert Höft and Kieran Mooney, Secretariat of the Convention on Biological Diversity (CBD); William Monahan,

Mike Story, John Gross, and Karl Brown, Natural Resource Science and Stewardship Directorate (NRSS), United States National Park Service; Ministry of Environment, Wildlife and Tourism, Government of Botswana; Martin Wikelski, Max Planck Institute for Ornithology; Parks Canada and Fisheries and Oceans Canada, Government of Canada; Norwegian Environmental Agency; Comisión Nacional parael Conocimiento y Uso de la Biodiversidad (CONABIO), Government of Mexico; Department of Environmental Affairs, Ministry of Environment, Wildlife and Tourism, Republic of Botswana; and, Jon Hutton, Lera Miles, Neil Burgess, Max Fancourt, Eugenie Regan, Annabel Crowther and Jan-Willem VanBochove (UNEP-WCMC).

联合国环境规划署世界保护监测中心衷心感谢欧盟委员会（通过欧盟第七框架计划的EUBON 项目，建立了欧洲生物多样性观测网）和瑞士联邦环境局（FOEN）的经济支持。EUBON 由欧盟第七框架计划——Contract No.308454 资助。本文仅代表作者观点，对引用本书所含任何信息的情况，委员会不承担任何责任。

目 录

执行摘要

1. 背景资料

2011—2020年度生物多样性战略规划（Strategic Plan for Biodiversity）以及爱知生物多样性目标（Aichi Biodiversity Targets）代表了为子孙后代共同保护全球生物多样性的广泛呼吁。然而，基于可靠观察的指标才能对这些目标的进度进行评估。遥感对地观测（EO）为大尺度、可重复的、经济型的测量提供了可能；然而，应用于全球生物多样性监测的EO方法尚不成熟。因而根据遥感数据构建生物多样性指标也就颇具挑战性。

为回应CBD（生物多样性保护秘书处）的要求，联合国环境规划署世界环保监测中心（UNEP-WCMC）携手广泛的贡献者和受访者，对用于监测生物多样性变化并跟踪爱知生物多样性目标进程的遥感数据的使用进行了评估。

2. 报告的目标与结构

该报告涵盖了一系列可实现的可能性概述，即在爱知目标背景下，将遥感数据用于生物多样性监测的可能性。报告特别着眼于空间（卫星）传感器，同时也考虑了机载以及陆基系统，并探讨了进一步广泛使用遥感数据的问题与机遇。该报告主要以非专家政策用户为目标群体，拟为此复杂格局带来一定的明确性，并填补EO与生物多样性决策团体之间的鸿沟，通过就需求与机遇问题达成共识并促成富有成效的对话。

报告共分三大部分。第一部分以目标分类描述了可使用的以及尚处在研发阶段的EO数据产品，并讨论了其中某些产品的当前应用情况以及局限性。我们采用信号系统对遥感数据监测各个目标进程的结果进行评估。第二部分是具体内容，我们针对已应用EO数据开展了国家一级案例进行研究讨论。我们对开放存取数据的价值、即时威胁监测的应用，以及对战略性环保规划的投入进行了例证，同时还包括尝试利用遥感数据开发国家数据产品及指标来解决政府经常面临的资源及产能限制问题。报告的第三部分描述了阻碍进一步应用EO数据开发指标的限制因素和主要挑战，最后对未来前景进行讨论。

3. 报告结论

该报告的结论涉及与生物多样性监测相关的一系列技术、社会、政治、制度和财务问题，以及以EO为基础的爱知目标进展情况。然而，在提供了一系列相关观察、产品和服务的情况下，由于生物多样性监测的过程中仍存在根本性的挑战，因此，可结合卫星、机载以及现场数据专门设计一系列基于EO的观察系统。要提高生物多样性的EO相关技术产能还存在许多的障碍，特别是在有着更多教育、互联网带宽和数据存取限制的发展中国家尤为如此。EO专家、生物多样性科研人员以及政策使用者之间达成共识，应该为更加富有成效的对话做好铺垫，并提高管理 EO 数据功能的期望。本报告将通过明确阐释涉及所有利益相关者的问题来推动这一进程。

4. 重要信息

（1）遥感对地观测数据支持生物多样性政策实施的可能性正在不断扩大，但仍尚未完全实现。遥感技术的价值依赖于长期的持续观测结果，但是很多用作研究和演示的生物多样性的 EO 产品都是在有限的空间、时间范围内开发而成。当然，还会有越来越多稳定的环境时间序列数据集产生。

（2）不断发展的遥感技术能力显然为支持爱知生物多样性目标监测提供了机会。资源应该被用来解决关键要素和信息的差距。可能的地方包括连接的指标尽可能多的涵盖生态系统的评估框架方面（例如，状态和趋势、驱动力、政策的有效性）。

（3）如将遥感数据进行恰当的处理、组合以及关联，将能够对生物多样性产生积极成果的政策和做法产生影响。当前的科学认识、计算能力以及网络架构为自动化产品的产生创造了可能性，尤其是为森林植被领域提供了明确的"即时"空间变化分析与预警。诸如云计算等网络架构的发展能够推动未来以即时 EO 数据为基础的大规模高度相关专题信息的产生。这一技术发展可能会改变生物多样性保护方面的决策。

（4）然而，遥感对地观测数据的使用往往受限于数据的存取与处理能力。尽管我们现在已经可以免费使用大量数据，但是高空间分辨率数据仍较为昂贵。而且，无论就何种情况而言我们均尚未获得这些数据用于生物多样性监测。未能充分利用的因素是多种多样的，但是最重要的一个原因可能是缺乏告知爱知目标进程所需的定期更新的衍生分析产品。我们可能需要相当多的人力资源以及专业化的技术知识来打造这些产品，但是目前这二者我们均不具备或者无力承担。

（5）终端用户的需求可能决定遥感技术产品未来发展的优先级。诸如新近产生的《基本生物多样性可变因素》（Essential Biodiversity Variables）等一系列已商定的最低基本要求，将为大部分 EO 社区提供，这些社区还将倾力于少量的基础性 EO 产品开发。长期、一致且定期更新的土地覆盖变化的监测产品仍然是一项重要的具体任务，该产品以整体土地系统为特征，包括土地覆盖、土地使用以及土地管理。这可能有助于确定产生压力的地方，它们对当前状态产生影响的可能性有多大，以及全球生物多样性的未来趋势如何。

（6）要实现遥感数据的使用，就一定要在数据提供者与使用者之间创建对话。迄今为止，这种对话还很有限。EO 社区与生物多样性政策及管理者之间的密切关系将有助于加深理解、调整优先级、识别机遇并战胜挑战，进而确保数据产品能够更为有效地满足使用者的需求。

1　介绍

1.1　背景和目的

在生物多样性公约缔约方大会第十届会议上，缔约方通过第X/2项决议和含20个爱知生物多样性目标的2011—2020年度《生物多样性战略计划》。缔约方致力于以该战略框架作为制定国家目标的框架，并通过观测指标来评估进展情况。第11届缔约国会议期间通过了《2011—2020年度生物多样性战略规划的指标框架（第六号决议的第三项）（决议XI/3）》。该框架包括一份含98个指标的名单，为缔约国评估爱知生物多样性目标提供了一定的依据。

生物多样性指标是所有监测系统的一个基本部分，提供了判断政策和行动是否产生预期效果的一种依据。同时也为决策者传达简单明了的信息。指标使用数据资料去表征生物多样性、生态系统状况、生态系统服务以及变化的驱动因子等，旨在提高人们对生物多样性在时空尺度变化上的理解。

生物多样性公约授权的生物多样性指标联盟（BIP）全球倡议促进和协调发展生物多样性指标以支持此公约。该联盟联合四十多个组织开展关于生物多样性指标构建的国际合作，为生物多样性趋势方面提供最全面的信息。BIP成立于2007年，旨在监测2010年生物多样性目标的进展，而在CBD COP 11（2012年10月）上其任务修改为在全球、区域以及国家尺度上协调发展生物多样性指标，并作为传递监测爱知目标进展的指标信息。

指标体系的建立需要基于一系列按照规范获取的观测数据集，如基本生物多样性变量（EBVs, Pereira et al., 2013）。基本生物多样性变量是根据CBD的需求产生的，目的是通过定义一个最小的变量集合来优先获取生物多样性变化的主要信息，并且凭借观测数据和指标之间的相互关系促进数据整合（Pereira et al., 2013）。在《爱知目标》一文中，EBVs提供一种协调不同观测团体的监测结果的方法，以促进全球性地球观测系统的发展。许多候选的生物多样性基本指标被提出用于指导生物多样性的观测。这些观测数据可以通过直接测量个体、物种、种群、生境等获取，或是由专业的遥感仪器远距离采集得到。（图1）

实地测量可提供精确的物种的存在和分布信息。然而，因为野外测量耗时长且成本高，因此相比于大尺度监测，研究者更倾向于在小尺度上采集离散的样本数据。另外，对于复杂多变的生态系统，如湿地，或位于偏远地区，野外观测就会很困难。

从机载和星载传感器获得的遥感数据，提供了一种大范围的、可重复的、低成本的方式用于生物多样性监测。尽管大部分遥感数据是免费的，且在其光谱、波长以及分辨率上具有巨大优势，但是它依然对空间上实时监测生物多样性变化存在不足。而这一方面可能由于数据和分析的约束，另一方面可能是由于用户需求（例如，指标的标准规范）和与遥感数据可测量的信息之间缺少联系。

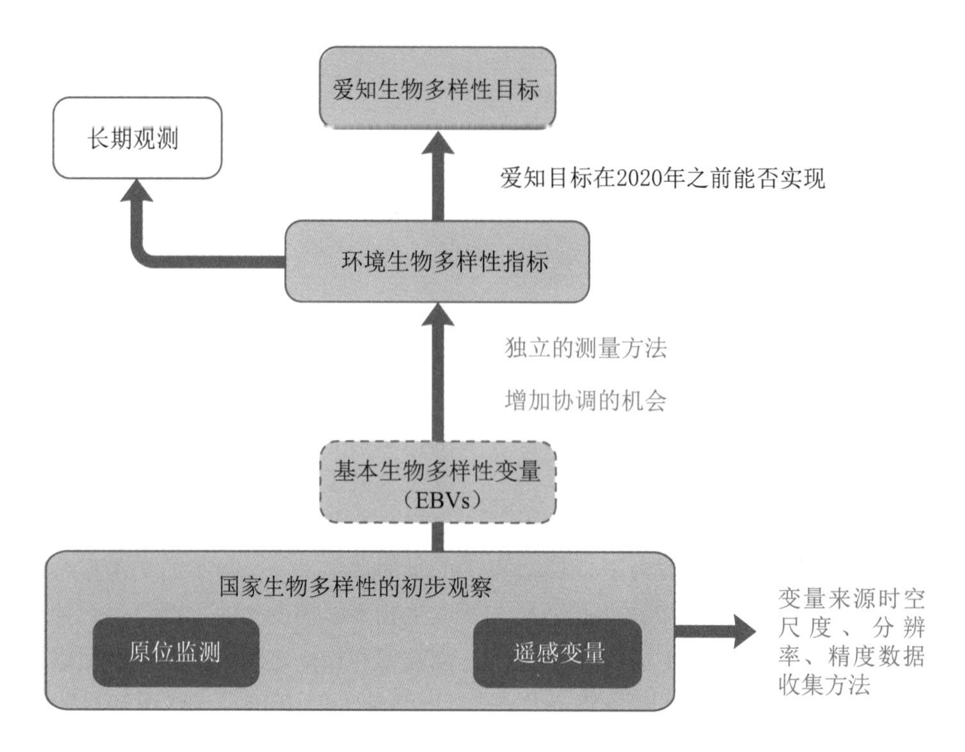

图 1：从遥感数据和 EBVs 的作用来看关于爱知生物多样性目标生物多样性指标的途径

研究生物多样性的科学家与世界主要航天机构正在共同探索利用卫星遥感开展生物多样性的应用研究所面临的挑战和机遇。然而，生物多样性指标，迄今为止很少得到直接关注，部分原因是明确的政策需求，正在进行的工作大多以 2020 年爱知目标为最终目的。

本报告综述了使用遥感数据监测生物多样性，旨在填补 CBD 框架和爱知生物多样性目标的空白，响应公约秘书处的号召在生物多样性公约的框架内尽最大努力建立和扩大对地观测的应用。本书写作目的在于：

（1）使人们了解遥感数据及其产品在生物多样性监测方面的困难与机遇。

（2）在遥感和用户间通过对需求和机遇的共同理解建立更富有成效的对话平台。

1.2 范围与定义

本书并没有对当前所有的遥感技术进行系统的、详尽的回顾，也没有对其利弊进行专业论述。它旨在提供一个对遥感数据在跟踪爱知生物多样性目标进程的可能性概述。因此，考虑到非专业用户，本书在附录中对于核心内容添加了专业技术说明。

在本书中，我们采纳了联合国于 1986 年对遥感的定义，“遥感即对地球表面的感知，即利用传感器测量目标发射、反射或衍射电磁波的特性，从而达到加强自然资源管理、土地利用和环境保护的目的”(UNGA A/RES/41/65)。本书着眼于航天遥感，因为它能够获取全球数据覆盖，并能业务化地生产 EO 产品，这为国家和区域爱知目标评估提供了巨大潜能。同时，机载和地基遥感也会应用于本项目中，尽管两者现在仍处于“研究与发展”阶段，但他们持续观测的优势能够为将来生物多样性监测提供新颖的应用。值得强调的是，许多遥感系统和方法只能够间接而非直接测量生物多样性。这使得实现保护资源的定量数据资料的测量富有挑战性，然而这一过程中仍然有很大的进步空间。不同遥感技术及其如何应用于生物多样性监测的简要描述，详见附录 1。

空间分辨率是所有数字影像的重要属性，它描述了影像的空间细节。然而，卫星影像的空间分辨率应该与该影像记录空间信息的视场大小存在一个平衡点。通常影像空间分辨率越高，一幅影像覆盖的区域面积越小。然而，小视野卫星传感器重访周期较长。低分辨率的遥感影像因其能够扫描更大的区域而具有很高重访频率。卫星传感器的空间分辨率对生物多样性监测起到重要作用。例如，低分辨率影像适用于监测当前或近期某物种大范围变化的趋势。另外，低分辨率数据通常应用于区域和国家尺度的监测，而高分辨率影像更多地应用于对较小的、单个保护区域的监测。根据本书内容，将其定义为以下 4 类空间分辨率（单位：m）：

（1）超高分辨率（≤ 5m）

（2）高分辨率（10 ～ 30m）

（3）中等分辨率（100 ～ 300m）

（4）低分辨率（> 300m）

1.3 方法

本书是基于参考遥感文献与咨询相关专家完成的。相关文献的初始清单经 4 个遥感数据应用专家磋商得到，此后，根据最初所列文献的主题，由 15 位专家组成更大咨询团体的商议，使该列表得到完善与扩充。

专家研讨会通过一系列定性的半结构化调查数据搜集专业知识。由三十位专家组成的小组被选出参加本次项目，这些专家均为各领域杰出代表：主要为航天机构和遥感方面的科学家 / 分析师与来自国际生物多样性政策团体的指标专家。调查问卷被设计为三部分：①技术解析部分：着眼于收集生态参数和当前使用的 EO 产品，理解遥感数据的产生、处理与应用过程，以及每一方面所存在的障碍。②指标部分：讨论了使用遥感数据发展指标的挑战，并记录了当前存在的源于遥感数据的指标。③未来发展部分：受访者可指出三项最有潜力在五年内显著提升生物多样性监测的遥感技术。本书调查主要以当面或是电话方式收集得到，同时也会采用其他方式完成调查。

1.4 本书结构

本书主要由 5 章及描述遥感技术的附录组成。

第 2 章列举了应用于爱知生物多样性目标的遥感产品。着重强调了遥感在这些应用中的机遇与挑战。

第 3 章包含大量案例分析，用于说明在国家尺度上监测生物多样性的不同方法、技术与结果，以及它们对决策和政策执行的影响。

第 4 章强调了至今遥感数据在指标应用上的主要限制因素和挑战。对此，我们通过实例提出相应的改进方案和可能的解决措施。

第 5 章对本书进行了总结并提出了一些看法和建议。

附录 1 介绍了遥感相关的专业术语，并将其作为监测生物多样性的工具与传统现场测量进行比较。与此同时，回答了什么是遥感、如何使用遥感等常见问题。

附录 2 根据生物多样性监测，尤其是 CBD 框架方面的应用分析了现存 EO 产品的可操作性。讨论了 EO 产品在支持 2011—2020 年度生物多样性战略计划与跟踪爱知生物多样性目标的潜力。

附录 3 介绍了与生物多样性监测相关的海陆环境方面的新兴遥感应用，概述了 CBD 框架下遥感技术新领域及其未来方向。

附录 4 列出了一系列遥感产品应用于爱知目标和 EBVs（基本生物多样性变量）的详细表格，并以此作为对第 2 章的支撑。计算生物多样性指标要求在全球、区域以及国家尺度上选择合适的时空分辨率、数据类型以及传感器，这些均通过表格的形式被详细地列举出来。同时还对可能适合爱知生物多样性目标的传感器进行了详细的特征描述（比如主体机构、重访周期、有效性及其数据产品）。

附录 5 提供了当政策终端用户计划将遥感纳入监测体系时应该考虑的遥感数据的使用成本。

2 遥感技术在爱知目标监测中的机遇

2.1 综述

在遥感学科快速发展并不断改善的同时，越来越多的EO产品被用来进行生物多样性监测。但是由于EO产品很难与不同区域最新的遥感技术发展保持同步，因此对它的选择很艰难。尽管如此，选择的产品首先是由被监测对象所确定。附录2中详细描述了当前可获得的EO产品在生物多样性监测中的应用以及它们对公约标准提供支持的可能性。

迄今为止的大部分遥感监测生物多样性的工作，主要是通过土地覆盖和土地利用的信息来研究物种及其生境的现状与发展趋势。然而，正如卫星传感器一样，EO产品的研究在不断地改进与发展。例如，由于传感器技术的发展，表征陆面环境的变量，如归一化植被指数、吸收光合有效辐射比例、叶面积指数和其他生物物理指数，在精度、空间分辨率和时间尺度上均得到不断提高。附录3总结了遥感在跟踪爱知生物多样性对象进程相关的海洋和陆地环境中的新兴应用。需要注意的是，这些新兴应用目前虽然还不是可以应用的EO产品，但它们在未来具有很可观的发展潜力。

为了监测生物多样性目标，本文分析了每一个目标的遥感应用潜力。总的来说，每个目标都有一个如土地管理的自然成分和一个基于人类实践或认识的社会成分（例如，对生物多样性价值的认识），前者通过直接由空间观察得到，后者则不然。因此，对于正在发展完善的地球观测和遥感工具而言，一些目标的计算常常会受到限制。尽管如此，本文以一系列的表格针对每个目标及其指标的EO产品进行了推荐。这些产品仅供终端用户探索其优缺点，并选出一个最适合他们研究的特定指标的产品。本文并没有列出详细的EO产品清单，而是仅仅提供了相关EO产品的示例。此外，仅基于EO方法的可操作性指标可以被表示出来，例如，与表示非物质的社会意识价值的第1、2、3目标相关的指标是无法由EO观测得到的，因此第4目标的运行指标应该从第11个指标开始。对于大多数业务化指标而言，EO产品常常不是直接的生物多样性测量指标，而是通过生物多样性模型得到测量指标。对部分目标来说，书中讨论了未来可能被使用的EO产品。书中还采用信号灯系统对遥感数据监测各个目标进程的完备性进行了评估。如表2.1所示，这种变化很大。目前，EO产品在战略目标A和E的应用中受到限制，但已经证明其可以广泛应用于战略目标B和C。与此同时，最新研究显示EO产品对战略目标D将会有很好的应用前景[1]。

注1 Ad Hoc技术专家组2011—2020年度生物多样性战略规划确定了三个执行指标类型。它们分别是：一、使用于全球尺度的指标，以A表示。二、可以用于全球尺度但是需要进一步研究的指标，以B表示。三、其他用于国家或者次级全球尺度的指标，以C表示。A和B指标应该被用来评价全球尺度的进程；而C指标是说明一些提供给用户在国家尺度上按照国家的优先事项和环境而使用的额外指标。

表 2.1　现今遥感跟踪爱知生物多样性目标进程的适用性

战略目标	爱知生物多样性目标	目前遥感适用性		
A	1．提高生物多样性价值的认识	●		
	2．将生物多样性价值主流化	●		
	3．改良鼓励措施	●		
	4．可持续的生产和消费		●	
B	5．生境丧失减半或减少			●
	6．可持续管理水生物资源		●	
	7．发展生物多样性友好的农业、林业和水产业		●	
	8．减少污染			●
	9．防止和控制外来入侵物种		●	
	10．保护易受气候变化影响的生态系统		●	
C	11．保护区			●
	12．降低物种灭绝的风险		●	
	13．维护遗传多样性	●		
D	14．生态系统服务			●
	15．生态系统的恢复工作和复原力		●	
	16．获取遗传资源和分享其带来的惠益	●		
E	17．制订国家生物多样性战略执行计划	●		
	18．尊重和利用传统知识	●		
	19．共享生物多样性信息和知识	●		
	20．调动各种来源的资源	●		

●目前不能通过基于 EO 的方法获得，但是未来某些目标在技术上可以实现；
●可能部分基于 EO 点的方法或者该方法目前正在研究中；
●全部或者部分基于 EO 的信息。

本次分类基于大量现在和将来的 EO 产品对每个目标进行归纳，只有一些可业务化的指标符合这些类别。这个分类是作者基于大量最新可用信息的主观估计得到的。

除了上述表格之外，附录 4 拥有一系列更详细的信息。附录 4 的表 4.3 详细描述了与爱知生物多样性目标相应的可业务化的 EO 产品的主要特征及其各种数据集。另外，附录 4 中附表 4.4A 至附表 4.4E 深入描述了指标清单中的 98 个指标及其适合于计算该指标的数据和传感器类型，以便在全球、区域或国家尺度上提供更加合适的时间与空间分辨率。需要注意的是，这个列表不意味着绝对正确。它仅作为一个参考，还需要被进一步地评审和细化。因此，表 4.5 中描述了目前遥感传感器特性以及它对每个爱知生物多样性目标的潜在应用。

2.2　评价目标

目标 1. 提高生物多样性价值的认识

最迟到 2020 年，人们认识到生物多样性的价值以及他们能够采取哪些措施保护和可持续利用生物多样性

●	目前不能通过基于 EO 的方法获得
可业务化指标（部分）来源于遥感数据	无
局限性	人类意识中的期望包括一些可度量的环境因素，像人工造林、可持续农业、渔业增产、生境保护以及物种多样性保护在内的对于生物多样性来说积极的结果，但是我们目前还没有办法通过使用遥感技术直接把人类意识和环境条件的变化相关联。然而，生物多样性变化地图（例如，显示森林砍伐在影响人类对生态系统变化）的意识程度方面的综合潜力还没有完全释放。在学校层面将其更广泛地融入教育课程，将会成为在青少年中创造这方面认知的一种方法

目标 2. 将生物多样性价值主流化

最迟到 2020 年，生物多样性的价值已被纳入国家、地方的发展与扶贫战略以及规划进程，并正在被酌情纳入国民经济核算体系和报告系统

●	目前不能通过基于 EO 的方法获得
可业务化指标（部分）来源于遥感数据	无
局限性	像生态网络、森林走廊、高架桥、天然水流和其他一些生物多样性价值集成实现的绿色设施，如果它们在地球表面能用明显的特征代表，那么它们的空间规划潜力就能够用遥感方法来计量。同时，虽然监督这些设施能够获得全国的统计信息，但实际上它在统计、计划和发展政策中很少被提及

目标 3. 改良鼓励措施

最迟到 2020 年，消除、淘汰或改革危害生物多样性的各种措施（包括补贴），以尽量减少或避免消极影响，制定和执行有助于保护和可持续利用生物多样性的积极鼓励措施，并遵照《公约》和其他相关国际义务，同时顾及国家社会经济条件

●	目前不能通过基于 EO 的方法获得
可业务化指标（部分）来源于遥感数据	无
局限性	尽管对补贴改革的影响（例如在陆地覆盖和生态环境上）可能通过遥感进行部分评估，但是遥感数据不能直接衡量补贴改革

目标 4. 可持续的生产和消费

最迟到 2020 年，所有级别的政府、商业和利益相关方都已采取措施，实现或执行了可持续的生产和消费计划，并将利用自然资源造成的影响控制在安全的生态阈值范围内

●	基于 EO 的产品有助于实现这个目标，但是必须和其他数据来源结合以更加全面地理解达成目标的进程
可实现业务化指标（部分）来源于遥感数据	11. 被利用物种（包括物种交易）的数量与灭绝风险的趋势（A） 12. 生态足迹和 / 或相关概念的趋势（C） 13. 依据可持续生产与消费对生态极限的评估（C） 14. 城市生物多样性的趋势
相关的业务化 EO 产品	土地覆盖，基于 EO 测量的植被生产力（归一化植被指数 NDVI、光合有效辐射吸收比例 FAPAR）、碳含量和碳排放、温室气体的排放、火灾发生和火灾辐射率以及火灾区域
目前基于 EO 的方法	碳因子是监测可持续生产和评价生态足迹的最新的遥感指标之一。二氧化碳和其他的温室气体（GHGs）的历史水平为现今的水平提供了一个基准，并在很大程度上可以通过遥感进行比较。在地面尺度植物可利用的二氧化碳既可由原位气体交换测量，也可利用光交换和光能利用率模型得出。这些测量方法相比于草原，更适合于高冠层（森林）。碳估算需要考虑火灾发生信息，从而考虑生物燃烧时的碳丢失（是直接排出，还是森林减少或退化的结果）。 为了测量产品（农业和林业）的持续性，碳和 GHG 排放也可以与其他遥感数据产品结合，如土地覆盖、植被指数、过火面积图、粮食产量估计和生境退化（指标 12 和指标 13）。指标 11 的涉及面很广，并且必须基于物种尺度评价遥感技术应用于该指标的充分性。尤其是，EO 技术无法估算所有物种的数量，它只能估计优势物种的数量。长时间以来农业监测都是利用基于 EO 的陆生植被产品联合传统的农业气象预报进行，以此来预测粮食产量（指标 13）。然而，对于可持续的生产来说，联合农业气象信息和有生态限制的其他资源产品信息是该应用上的一个新转折
局限性	指标 11 和指标 14 受限于目前可用的基于 EO 产品的时间、空间和光谱分辨率，野外测量数据也是如此（被用于校正和验证模型）。除了 MODIS 中等分辨率成像光谱仪以外，许多 EO 传感器也可测量大气碳含量和植被无法利用的二氧化碳。在冠层水平的碳估算目前无法由模型和使用原位传感器直接观测得到
将来基于 EO 的方法	这样一个产品可以提供定期的量化全球产品以及预测未来生态极限下的生产力。高光谱数据与其他高精度的地表测量方法（例如，叶绿素浓度和叶绿素荧光）大大地提高了区分植被和识别物种生境的能力。虽然现在可以使用机载高光谱数据，并且新型的星载传感器也正在研发中。然而，目前可使用的高光谱传感器无法实现全球无缝覆盖，或许以后也无法实现

目标 5. 生境丧失减半或减少

到 2020 年，使所有自然生境（包括森林）的丧失速度至少降低一半，并在可行情况下降低到接近零，同时大幅度减少生境退化和破碎化程度

●	基于 EO 的信息在监测这个目标时做出重大贡献，并且已经广泛地用于评估森林覆盖的变更
可业务化指标（部分）来源于遥感数据	17. 所选生态群落、生态系统和生境的范围趋势（A） 18. 生境退化或受威胁比例的趋势（B） 19. 自然生境破碎度的趋势（B） 20. 生态系统条件和脆弱性趋势（C） 21. 自然生境转换比例的趋势（C） 22. 初级生产力的趋势（C） 23. 受沙漠化影响的土地比例的趋势（C） 24. 主要生境类型中依赖生境的物种种群趋势（A） 25. 火灾机制和火灾频率的趋势（B）
相关的业务化 EO 产品	土地覆盖、NDVI、LAI（叶面积指数）、FAPAR 以及海洋的 EO 产品（海洋叶绿素 a 浓度、海洋初级生产力、悬浮泥沙、海洋表面风速、海洋表面温度、海洋表面盐度和海洋表面状态）
目前基于 EO 的方法	土地覆盖图使用土地覆盖作为生境类型的替代，通过基于遥感的方法在陆地环境定期展现。缔约国在 CBD 会议中常常报道生境分布情况。对完成这项任务来说，光学传感器是最主要的选择，因为光学传感器使用广泛并且使用容易。雷达和热成像在技术上更加先进并需要掌握其专业知识。例如，WRI GFW2.0 是利用 2000—2012 年 Landsat 卫星影像的时间序列数据近实时监测森林砍伐。30m 分辨率的全球森林覆盖变化产品现在可用于分析森林破碎、森林砍伐和土地利用成分变化（指标 19 和指标 21）。 像 Landsat、SPOT、ASTER 和 IRS（印度遥感卫星）这样的高分辨率影像通常可以满足大面积生境制图，甚至在精细比例尺实现生境影像镶嵌。 土地覆盖产品对监测陆地生境减少和破碎很有帮助（指标 18 和指标 19），而 NDVI、LAI 和 FAPAR 可用来评价植被环境、状态、健康以及初级生产力的趋势（指标 22）。火灾代表了一个重要的生境干扰，所以监测火灾发生（热点）和燃烧区域范围对理解和量化生境减少和土地覆盖变化非常重要。长期监测重度干旱和极端干旱区域，可以为指标 23 和指标 25 提供数据。海洋监测产品如海洋叶绿素 a 浓度，海洋初级生产力，悬浮泥沙，海洋表面风速，海洋表面温度，海洋表面盐度和海洋表面状态，可以决定海洋环境的物理和生物状态。综合这些产品可以评价海洋生境的整体状况，以及确定哪里发生退化的可能性，例如在珊瑚礁白化事件的检测（指标 18 和指标 20）。NOAA（美国海洋和大气管理局）珊瑚礁监测项目用这种方法监控珊瑚礁白化。但基于 EO 的海洋和海岸生境评价广泛应用于红树林、盐沼泽、海草和珊瑚礁等。基于 EO 技术监测水底水生生境（如海草）比红树林更加具有挑战性

局限性	尽管全球森林覆盖变化的资料目前已经可以使用，并且计划进行定期的更新，但是非森林生境还没有这样的资料。全球森林资料是有限的，然而森林的分类只考虑高于5m的树。另外，在分类中土地利用类型没有被考虑，使得区分初级、次级和人工森林因没有额外的参考信息而极具挑战性。尽管基于EO的土地覆盖数据在指标17的发展中确实有用，但由于缺少与土地覆盖一致的时间序列数据，而导致评价生境的范围随着时间推移的变化趋势分析受到限制。 VHR（超高分辨率）卫星基于机载或者无人机（UAV）的影像可以提供有高空间异质性的小尺度生境图，但是它们通常昂贵并且在数据获取和处理方面需要花费过多时间 尽管高光谱数据可以极大降低绘图和理解地面上的情况，但是它主要局限于机载传感器，所以其在地理范围上是有限的。激光雷达也是一样，其在描述生境中植被结构方面具有很大优势，尤其是森林。 关于生境类型的各种不同的内部和国际定义使得对全球或区域的生境认识难以发展。甚至当EO观测存在的时候，这也会阻碍实现跟踪目标5的进程。 生境范围、破碎和退化方面主要的数据缺失在：温带沿海生境的状况、近海海洋养殖和产卵地、海草林、潮间带和潮间带下生态系统、脆弱的陆架生境、海底山、热或冷渗水处、海洋表面、底栖生物和深海的生境；内陆沼泽地、无森林覆盖的陆地生境和极地生境
将来基于EO的方法	最近，例如WorldView-2的超高分辨率（VHR）卫星开始研究在同一个平台上结合高空间分辨率和光谱分辨率的可能性。这有望应用在历来由于有波浪作用、潮汐和其他挑战导致的解译困难的潮间带应用中。利用雷达和激光雷达的主动遥感应用于绘制和识别复杂生境上具有很大的潜能，尤其是在有高和/或频繁云覆盖的热带地区。基于卫星的高光谱传感器正在研发并且其可以很大程度提高植被物种分辨能力

References: Lengyel et al., 2008; Lucas et al., 2011; *Nagendra and Rocchini,* 2008; Szantoi et al., 2013.

目标6. 可持续管理水生物资源

到2020年，所有鱼群和无脊椎动物种群及水生植物都以可持续和合法的方式进行管理和捕捞，并采用利于生态系统的方式，以避免过度捕捞，同时对所有枯竭物种制订恢复计划和措施，使渔业对受威胁鱼群和脆弱生态系统不产生有害影响，将渔业对种群、物种和生态系统的影响控制在安全的生态阈值范围内

●	基于EO的产品有助于实现这个目标，但是必须和其他数据来源结合以更加全面地理解达成目标的进程。在此过程中渔业经济信息将会受益颇多
可业务化指标（部分）来源于遥感数据	26. 目标种群和捕获水生物种的趋势（A） 29. 捕捞能力容量的趋势（C）
相关的业务化EO产品	海洋叶绿素a浓度、海洋初级生产力、悬浮泥沙、海洋表面风速、海洋表面温度、海洋表面盐度和海洋表面状态
目前基于EO的方法	与陆地生物一样，使用卫星遥感直接观察水生生物通常是不可能的。为了估计水生生物的总量，基于EO的海洋产品（主要但不完全是海洋颜色产品）经常和植物模型一起使用，用来评价生境情况。 在海洋环境里，初级生产力与浮游植物的丰富度和多样性具有相关性，反过来可以通过海洋颜色（叶绿素浓度）的测量来估算初级生产力。在内陆水域监测这些成分已经取得了巨大进步。其他基于EO的海洋产品，如海洋表面温度，可以帮助了解海洋生境。然而，指标26和指标29不适合基于EO测量，它们最好由国家级渔业统计监测，并根据需要整合到全球尺度

局限性	许多遥感方法只能从海洋上层获得信息，因此，很多用在海洋环境的EO产品都是对海洋颜色的测量。由于海水的光吸收特性，星载光学传感器被限制在浅海深度（20 ～ 30 m）。最有效的机载传感器（即激光雷达）探测深度可能只到达70 m，其在35 ～ 50 m穿透效果最好。专注于浅水监测阻碍了许多海洋物种的监测，除了一些海洋哺乳动物和浮游植物之外，尽管光学和雷达传感器有通过探测海洋船舶的运动来监测渔业过度开发的可能性（指标29），但这种探测成本高并且难以实现实时监测，尤其是对于星载系统来说

References: Corbane et al., 2010 ; *Guildfor and Palmer*, 2008; Kachelreiss et al., 2014; McNair 2010; Rohmann and Monaco, 2005.

目标 7. 发展生物多样性友好的农业、林业和水产业

到2020年，农业、水产养殖业及林业用地实现可持续管理，确保生物多样性得到保护

●	基于EO的产品有助于实现这个目标，但是必须和其他数据来源结合以更加全面地理解达成目标的进程。就这一点而言，土地利用信息可能特别有用并且在持续价值上可以作为社会经济数据补充EO产品
可业务化指标（部分）来源于遥感数据	32. 生产系统中依赖森林和农业的物种种群的趋势（B） 33. 单位输出的产量趋势（B） 34. 自可持续源的产品比例的趋势（C） 35. 可持续管理下森林、农业与水产养殖生态系统的趋势（B）
相关的业务化EO产品	土地覆盖、农业和林业估产（在可获得的地区）、火灾发生以及火灾区域
目前基于EO的方法	定期和重复更新土地覆盖数据对于测量和监测农业与林业生产是必要的基础信息（指标32到指标35）。作物产量数据经常是区域性的，由使用各种EO和其他输入的模型产生。 了解干扰和土地覆盖变化的驱动因素对解决生物多样性减少是不可或缺的 监控火灾的发生可以帮助理解一些土地利用变化的驱动因素，因为火烧通常是土地转换的一种方式（例如，建立新的农耕区）
局限性	为了充分地评价EO技术在监督“生物多样性友好型”农业、水产养殖业和林业上的应用，需要提供一个对“生物多样性友好的”土地利用的严格定义。使用目前的土地覆盖制图的方法结合土地覆盖图和土地利用的非EO空间数据层是可行的，例如在已经过实践的农业、林业和水产养殖业类型与由土地管理创建的“生物多样性友好型”的土地利用图层。这样的混合方法，即在土地利用和土地管理上结合基于EO的土地覆盖和非EO的信息，可能对实现这个目标有益。 需要做更多的工作识别和定义可持续实践，以保护生物多样性。“生物多样性友好型”指标的实践需要被确认并且通过直接或间接的遥感测量方法测量得到，这些指标的可行性还需要被确定。例如，确定各种农业和森林的混合地和它们物种的组成如何影响生物多样性，这将会非常有用。例如EO可以绘制单种栽培图，因为它们在组成上是同类的，并且有一致的光谱特征，但是不太可能确定是否为生物多样性友好型。而且，在水产养殖中的应用可能会更有挑战，因为，来自星载传感器的单独的光谱信息可能不足以描绘水产养殖的特征

目标 8. 减少污染

到 2020 年，将污染，包括营养物过剩造成的污染，被控制在不对生态系统功能和生物多样性构成危害的范围内

●	基于 EO 的产品有助于实现这个目标，但是必须和其他数据来源结合以更加全面地理解达成目标的进程。就这一点而言，污染物来源和汇集的信息特别有益
可业务化指标（部分）来源于遥感数据	36. 缺氧区和水华的发生率的趋势（A） 37. 水生生态系统中水质的趋势（A） 39. 污染沉积速率的趋势（B） 41. 与生物多样性有关的污染物向环境中排放的趋势（C） 44. 自然生态系统中臭氧含量的趋势（C） 46. 紫外辐射水平的趋势（C）
相关的业务化 EO 产品	海洋叶绿素 a 浓度、悬浮泥沙和溶解的有机质、对流层的臭氧浓度
目前基于 EO 的方法	利用对叶绿素的吸收光谱敏感的 EO 传感器测量叶绿素 a 的浓度，以进行全球性的水华监测。叶绿素水平的趋势可以指示水质，例如，富营养化导致水华和缺氧区（指标 36 和指标 37）。由于径流的原因，高级的农业和土地利用形式对海洋生物多样性有负面影响。 对流层臭氧的测量值可以估计紫外线辐射水平；紫外线辐射能对植物与暴露的动物造成危害。NASA（美国航空航天局）总臭氧测绘光谱仪（TOMS）每月测量对指标46潜在有用的紫外辐射。然而，该数据只从1996年到2004年间可用，并且这些低分辨率（～ 110 km）数据也限制了其在国家尺度上的使用。 霾、烟和烟雾的大气监测在遥感研究污染监测方面占据一个很大的比例。所有这些污染物都是由排放到环境中的通过燃烧化石燃料形成的有害微粒。基于 EO 的方法测量这些排放物的例子，在附录 1 中的 2.1.3 进行讨论；在这些排放物中，基于 EO 的排放趋势由于缺少指标 41 所需的国家尺度常规监测而很难系统地获得。 在沿海和内陆水域监视污染的主要参数包括悬浮颗粒物（SPM）和有色溶解有机物（CDOM），但是叶绿素也是一个重要参数，它随着由污染时间引发的浮游植物多样性和丰富性改变而改变。悬浮颗粒物像许多生物物理学的参数一样可从遥感服务中获得，但它只能作为基于地面的不能被遥感探测的污染物指标。悬浮颗粒和有色溶解有机物也可以由海洋颜色数据推断，但只有当地面校准数据可以获得时才能进行。 遥感在追踪石油泄漏中是至关重要的，它通过可以穿透云层的合成孔径雷达（SAR）或者红外传感器进行追踪；高光谱数据擅长识别碳氢化合物和矿物质。基于雷达的溢油探测现在已被许多机构，像欧洲海事安全局（EMSA）投入使用
局限性	基于 EO 的传感器在测量上层大气的臭氧时受到限制。对植物生命破坏最大的地面臭氧，目前不能用 EO 数据测量（指标 44）。例如从 EO-1、Hyperion 或者 Advanced Land Imager 获得的高光谱图像，需要复杂的处理和计算能力，并且影像还可能没有覆盖在最需要的地方。 举例来说，在主要的污染事件中，基于卫星的溢油探测对指标 37 和指标 39 的发展会发挥作用，然而，溢油污染作为一个生物多样性指标的意义还需要更多的理解

References: Kachelreiss et al., 2014; Oney et al., 2011.

目标 9. 防止和控制外来入侵物种

到2020年，查明外来入侵物种及其入侵路径并确定其优先次序，优先物种得到控制或根除，并制定措施对入侵路径加以管理，以防止外来入侵物种的引进和种群建立

●	探测像植物和藻类一样的外来入侵物种，遥感仅限于监测覆盖范围广的、在一个像元中占主要部分的物种。监测具有侵略性的较小生物体的运动，可以直接用动物性标签或者间接地使用以遥感数据为环境变量的环境生态模型实现
可业务化指标（部分）来源于遥感数据	47. 外来入侵物种对趋向灭绝的物种的影响趋势 48. 特定外来入侵物种的经济影响趋势 49. 外来入侵物种的数量趋势 52. 外来入侵物种进入渠道管理的趋势
相关的业务化 EO 产品	土地覆盖 / 土地覆盖变化和土地覆盖干扰，例如森林砍伐、火灾和火灾区域以及在测量有突出干扰的植被条件时的异常现象
目前基于 EO 的方法	EO 被用来直接监控特定植物物种的空间分布，无论是通过植物物种或者群落的专题分类影像还是作为一个预测它们分布的模型输入参数。 另外，基于 EO 的产品被用于绘制入侵植物物种，会频繁地发生扰动路线，例如在森林里的道路和其他基础设施或者在湿地的排水沟。火灾和土地覆盖变化产品都可以用来绘制入侵植物物种进入生境的完整路径。动物标签回答了关于物种分布或者它们的途径方法，因此对于控制外来入侵物种来说是很重要的。 当定期采集入侵植物物种生长或者树叶衰老的关键物候数据时，机载高光谱图像尤其有用，因为它提供不同于周围的原生植被的光谱信息。这完全可以在选定的研究区通过从 AVIRIS（机载可见光 / 红外成像光谱议）或者 APEX（机载成像光谱仪）上免费获取的影像实现。利用 NDVI 高分辨率数据可以大大地提高分类精度和跟踪入侵物种的整体能力。对于指标 47 来说，基于 EO 的数据并不定期生成，但可以使用专业知识得到。这可能需要与物种灭绝的风险信息结合。一旦得到符合要求入侵物种分布的图层，指标 48 到指标 52 是可以提供经济和管理信息
局限性	由于高度异质性和图像阴影造成的混合像元，物种内部的变化会降低使用多光谱和高光谱图像时的精度。精确地区分所有冠层顶部物种是不太可能的，尤其是在不同种类的树叶和枝干之间有大量重叠的高密度森林中。即使图像分辨率和信噪比在未来有了显著的提高，这个问题也不太可能解决。 因为像元尺寸小和缺少短波红外，超高分辨率图像（例如 Quickbird、IKONOS、GeoEye）已经被证明不合适鉴定和监测入侵物种，而且它增加了场景中不同树冠的变化性。入侵动物很难进行直接探测，但可能会通过基于干扰措施的方法间接探测，例如，观察病原菌的影响

References: Fuller, 2005; Nagendra, 2013.

目标 10. 保护易受气候变化影响的生态系统

到 2015 年，尽可能减少由气候变化或海洋酸化对珊瑚礁和其他脆弱生态系统的多重人为压力，维护它们的完整性和功能

●	基于 EO 的产品能促成这一目标，但其主要受浅水环境和特定位点研究的限制
可业务化指标（部分）来源于遥感数据	53. 珊瑚礁和岩礁鱼类灭绝风险的趋势（A） 54. 气候变化对灭绝风险影响的趋势（B） 55. 珊瑚礁情况的趋势（B） 56. 脆弱生态系统的边界范围及变化率的趋势（B）
相关的业务化 EO 产品	NOAA 珊瑚礁观察产品［白化警戒区、采暖度周数、白化热点、海洋表面温度（SST）、海洋表面温度异常现象］
目前基于 EO 的方法	珊瑚礁白化能被多种传感器直接检测，其中包括商业 VHR 传感器、Landsat 及 MERIS，然而检测和测绘精度取决于白化的程度和传感器的分辨率 NOAA 珊瑚礁观察（CRW）使用了多种基于地表水参数反演的 EO 产品，地表水参数与白化事件的存在有关（或者在某种条件下），比如 SST。因此，白化警报和疾病风险是通过基于如 SST 的 EO 参数建立的模型发布的。 因而，CRW 数据可以用于指标 53，尤其适用于从 2000 年至今已拥有时间序列数据的 200 多个虚拟站。有关灭绝风险的信息最好是来自目前的生物多样性数据集。由于得不到珊瑚礁环境的全球数据集，指标 55 难以在全球范围内监测。指标 54 在其他如湿地的脆弱生态系统上有同样的限制。区域数据集的确与气候变化对脆弱生态环境及其边界变化的影响有关（如濒危礁石），然而缺少时间序列数据和业务化的监测使得指标进一步发展受到挑战（指标 55 和指标 56）
局限性	50 km 分辨率的珊瑚礁观察产品使其在识别潜在的问题区域上很有效，但是它们不能找到问题区域发生的精确位置。 监测海洋生境和物种的局限性不仅与目标 6 中提到的星载和机载传感器的穿透深度较浅有关，还与目标 10 有关，因为它影响了直接监测珊瑚礁和深海其他潜在的脆弱海洋生态系统的能力。然而，监测珊瑚礁通常因缺少将光谱范围和超高分辨率结合的 EO 传感器而受到限制。利用高光谱传感器提供丰富的光谱范围来进行珊瑚礁物种的测量是可行的，但是这主要用于科研工作。 水深测绘和水下生境分类的最佳解决方式被证明是由那些有精确定位和高分辨率的激光雷达提供的；然而，即使是激光雷达也无法捕捉到复杂的珊瑚礁和其他复杂的生境。这就意味着在可预知的未来，用机载或星载遥感绘制个体聚居地或者礁石仍将是不可行的。机载和星载传感器更适于深海生态系统中绘制海洋生境，深海生态系统会受到更广泛的海洋学模式影响并因此可以被进行概括性的监测
将来基于 EO 的方法	目前正在开发连接机载激光雷达和水下拖拽式侧扫声呐的数据集。高精度深度测量值、良好的地理位置以及侧扫声呐的相互结合，提供了更多精确的水底生境地图

References: Kachelriess et al., 2014; Purkis and Klemas, 2011.

目标 11. 保护区

到 2020 年，至少有 17% 的陆地和内陆水域以及 10% 的海岸和海洋区域，尤其是对于生物多样性和生态系统服务具有特殊重要性的区域，通过建立有效而公平管理的、生态上有代表性和连通性好的保护区系统和其他基于区域的有效保护措施而得到保护，并被纳入更广泛的陆地景观和海洋景观

●	基于 EO 的信息与非 EO 数据的结合能对监测该目标在保护区的分布做出重大贡献，并且可以通过基于野外的信息来评价保护区的效果
可业务化指标（部分）来源于遥感数据	59. 保护区覆盖范围的趋势（A） 60. 海洋保护区范围、关键生物多样性区域覆盖范围及管理效能的趋势（A） 61. 保护区条件和 / 或管理效能（包括更公正的管理）的趋势（A） 62. 保护区和其他包括对生物多样性重要的区域与陆地、海洋及内陆水系统的区域中典型覆盖的趋势（A） 63. 连接保护区和其他基于保护区整合到景观与海景中方法的趋势（B）
相关的业务化 EO 产品	土地覆盖和土地覆盖变化、NDVI、NDVI 推导出的如植被状况指数或是植被生产力指数、叶面积指数、FAPAR、火灾范围、Global Forest Watch 2.0
目前基于 EO 的方法	尽管全球土地覆盖和土地覆盖变化数据并不经常可用（除了森林），但许多不同尺度的 EO 传感器在不同的尺度上可供使用，通过结合常规监测指标 59 到指标 63 所需的其他来源数据可提供关于环境状况、典型的覆盖范围、生境破碎作用和连通性等信息，例如其在评估管理的有效性方面的运用（然而，仅这些信息本身是不够的）。 高光谱的、多维度的、光学的、雷达和激光雷达遥感对监测保护区内和周围的生物多样性有帮助。就像 JRC 数字化自然保护区观测站（DOPA）一样的信息学工具，通过网络技术发布保护区最新的基于 EO 的信息。另外，一个新的基于 EO 数据的 JRC 火灾工具，使用世界数据库来监测全球保护区的火灾活动。当 DOPA 将表征植物条件和水体的 EO 参数的时间序列数据和表征降雨、气温的气象信息结合时，这个工具与指标 61 的条件有很高的相关性。然而，这个指标为了评估“更公平的管理”还需要其他的社会数据
局限性	保护区状况无法全部由遥感进行评估，例如，选择性砍伐、物种入侵和农业侵蚀都可能被监测遗漏，而且打猎是无法被监测到的

目标 12. 降低物种灭绝的风险

到 2020 年，防止已知受威胁物种遭受灭绝，且其保护状况（尤其是其中减少最严重的物种的保护状况）得到改善和维持

●	基于 EO 的信息对监控这个目标有很大的帮助，但是只对特定生境和物种起作用。在生境状况与基于 EO 的信息结合时，物种的地面观测特别有利
可业务化指标（部分）来源于遥感数据	65. 特定物种的丰富度的趋势（A） 66. 物种灭绝风险的趋势（A） 67. 特定物种的分布趋势（B）
相关的业务化 EO 产品	归一化植被指数（NDVI）、光合有效辐射吸收比例（fPAR）、叶面积指数（LAI）和地表分类（Landcover）产品

目前基于 EO 的方法	生境监测和预测模型提供了物种生境是否正在消失或受到威胁的信息，以便帮助评估该生境灭绝的风险。然而，良好的生境条件并不总是意味着有一个健康的种群。NDVI、FAPAR 和 LAI 等业务化的地表参数，可以被用来表征植被状态和受威胁动植物物种地区的生境状况。 物种分布模型帮助确定一个物种对特定环境条件的依赖性。因此这些环境的趋势可以表明分布趋势（指标 67）和灭绝风险（指标 66，如果这些环境正在消失）和丰富度（如果足够的额外数据可以获得的话）。作为物种分布模型输入的一系列环境变量是可以得到的，土地覆盖是最常用的预测生境变化模型的输入参数。动物遥测对于监测特定的濒临灭绝的物种分布趋势（指标 67）是一个非常重要的技术，这个在附录 3 的 3.5 部分中有进行讨论。 关于监测物种，除了可以轻易地发现动物本身或者它们生境的大型动物之外，使用遥感信息进行个别物种的直接观测通常是不可能的。已经成功监测的例子包括蓝鲨、金枪鱼、鲸鲨、海鸟、大象角马和斑马、土拨鼠和海豚。尽管如此，构成生物多样性模型的生物多样性参数据可由遥感数据得到
局限性	对于植物和动物来说直接测量丰富度，是困难的或者是不可能的。高光谱数据和激光雷达可以加强物种分布建模（或者测量）的能力，但这成本昂贵且可用性有限
将来基于 EO 的方法	高光谱结合激光雷达的观测可以在树冠尺度辨别物种；然而这是一个新兴的技术而且只能在特定的地点实现。对于可预知的未来，这种方法将受限于机载测量的研究范围、昂贵的成本与所需的专业知识

References: Druon, 2010; Fretwell et al., 2012; Petersen et al., 2008; Queiroz et al., 2012; Sequeira et al., 2012;Velasco, 2009; Yang, 2012.

目标 13. 维护遗传多样性

到 2020 年，保持栽培植物、养殖和驯养动物及野生近缘物种，包括其他社会经济以及文化上宝贵的物种的遗传多样性，同时制定并执行减少遗传侵蚀和保护其遗传多样性的战略

●	目前不能通过基于 EO 的方法测量
可业务化指标（部分）来源于遥感数据	无
局限性	为了理解隔离种群之间遗传物质的交换，理想上长时间序列需要横跨上百年，但是遥感影像最多只有最近几十年的数据可用
将来基于 EO 的方法	个体动物或植物包含的遗传物质不能被遥感、基本方法或者目前业务化的 EO 产品直接测量。然而，像通过计算个体数或者估计它们的生活范围可以实现基于 EO 方法直接监测物种的种群数量。长时间监测隔离的同一物种数量，可能被用来评价遗传物质的交换以及遗传物质是否得到保护。基于 EO 方法的好处是可以利用图像解译技术大面积测量不同种群的空间分布。可以通过这个方式合理的评价这些种群混合的程度。已有研究将基于 EO 的消息与模拟的过去的物种分布范围相结合，以评估隔离物种种群之间如何发生遗传物质交换。这在很大程度上是实验性的，但是在 EO 数据应用于绘制遗传多样性空间变化方面是非常有前途的。其他正处于研究阶段的方法包括：基因微卫星标记评估遗传多样性与在森林冠层尺度的色素多样性的联系、在大尺度上遗传多样性与遥感地表物候的联系

目标 14. 生态系统服务

到 2020 年，提供重要服务（包括与水相关的服务），使有助于健康、生计和福祉的生态系统得到恢复和保障，同时顾及妇女、土著和地方社区以及贫穷和弱势群体的需要

●	基于 EO 的信息通过提供生态系统服务模型的输入数据可以对监视这个目标做出重大贡献
可业务化指标（部分）来源于遥感数据	73. 人们从特定的生态系统服务中获益的趋势（A） 75. 提供多种生态系统服务的趋势（B） 76. 特定的生态系统服务的经济与非经济价值趋势（B） 78. 水或自然资源等相关灾害造成的人员与经济损失趋势（B） 79. 生物多样性的营养贡献：食物组成的趋势（B） 80. 新兴动物传染病的发病率趋势（C） 81. 包容性财富趋势（C） 82. 生物多样性的营养贡献：食物消耗的趋势（C） 84. 自然资源冲突的趋势（C） 85. 特定的生态系统服务的状态趋势（C） 87. 退化生态系统区域修复或正在修复的趋势（B）
相关的业务化 EO 产品	降雨、水体分布、碳 / 生物量、土地覆盖破碎度和火灾产品
目前基于 EO 的方法	生境范围和情况影响各种各样的生态系统服务的数量和质量，因此这些是重要的生态系统服务模型输入量 根据指标的需要以及提供适当的国家或全球尺度上的基础图层，碳和水生态系统服务最容易通过基于 EO 的技术观测。因此，对于特定的生态系统服务来说指标 73 到指标 87 是潜在可测量的。 这些包括： （1）结合野外测量、激光雷达和 MODIS 影像，利用地上木本碳陆地生物测量法获取碳储量 （2）使用基于水的生态系统服务模型的水供应 —— 来源于 NASA/JAXA 热带降雨测量任务（TRMM）的降水输入数据 ——来源于 Landsat、AVHRR、MODIS 和 ASTER 等卫星传感器的陆地表面温度数据 —— 通过重力量测及气候监控卫星（GRACE）任务测量在地球重力场中时间变化以间接测量地下水供应 —— 土地覆盖和 / 或植被覆盖例如 MODIS/VCF（植被连续域），对生态系统模型极为重要
局限性	对于陆地生态系统，为了评价生态系统服务的价值，生态系统服务（ESS）的绘制很大程度上依赖于土地覆盖的生态系统模型的输入。因此，结果的好坏取决于模型以及使用的输入数据的好坏。 储存于陆地植被中全球碳的绘制不是直接获得的。因此，估计生物量（碳）与碳分布数据都能使得其与公布的数据之间产生很大差异。值得注意的是，没有合适的社会经济学、健康和其他人文主义的专题统计数据，单单一个基于 EO 的方法是不可能对这个目标中列出的操作指标产生直接的帮助
将来基于 EO 的方法	使用遥感绘制 ESS 经历了巨大的发展。例如，正在研究能将动态植被变化归因于气候驱动因子或人类与其他驱动因子的模型。研究证明把这些驱动因子归于不同的因果关系是可能的。EBV（基本生物多样性变量）的概念将在指导基于 EO 产品绘制 ESS 的发展与成熟中扮演重要角色

目标 15. 生态系统的恢复工作和复原力

到 2020 年，通过养护和恢复行动，生态系统的复原力以及生物多样性对碳储存的贡献得到加强，包括恢复至少 15% 退化的生态系统，从而有助于减缓和适应气候变化及防止荒漠化

●	基于 EO 的产品有助于实现这个目标，但是必须和其他数据来源结合以更加全面地理解达成目标的进程
可业务化指标（部分）来源于遥感数据	88. 提供碳储量的生境的条件和范围的现状和趋势（A） 89. 森林恢复中依赖森林生存的物种的种群趋势（C）
相关的业务化 EO 产品	归一化植被指数，光合有效辐射吸收比例，火灾、土地覆盖和土地覆盖变化产品
目前基于 EO 的方法	NDVI 和 FAPAR 的时间序列可以被用来估算初级生产力和植被物候，它们与陆地植被的固碳率和时间有相关性。NDVI 和 FAPAR/LAI 也可以被用来鉴定和监测土地退化。土地覆盖和土地覆盖变化可以被用来评价生境的保护和恢复状况。增长的趋势表明生物多样性和碳存量在恢复和增加。 对目标 15 的进程测量所需的遥感参数如 NDVI 和 FAPAR 是全球可用的，但可能更加适合于绘制特定生境，例如，盐泽或是红树林的海岸生境或是像热带森林或泥炭地的陆地生境，这些对于温度变化监测来说是关键的生态系统，并且它们包含重要的生物多样性。已经有一些组织认识到盐沼、红树林和海草的高碳储量能力，例如，蓝碳科学工作组，指标 88 旨在测量这些生境的范围和状况。然而，尽管卫星影像和其衍生的产品的时间序列数据可以用于测量生境空间范围趋向，而使用基于 EO 的方法去测量生境状况这一变量是具有挑战性的，并且通常需要以地面为基础的观测数据去精确评价退化和整体健康的状态。如 ESA GlobWetland Ⅱ和 WRI GFW 2.0 的计划承认这些生态系统的重要性，并且促进基于 EO 的方法的保护和管理。GFW（全球森林监视）数据可以支持监测指标 89，然而，需要更多的研究去评价如何精确地表示正在恢复中森林的特征。基于 EO 的时间信息对于利用物候峰值时间的季节性数据也很重要，同时生物物理变化可能对于气候变化影响的早期鉴定有用
局限性	基于 EO 的碳估计对监测碳储量是必不可少的，但目前还无法业务化，不能提供全球尺度上业务化生产的产品。 监测生态系统恢复能力需要几十年的 EO 时间序列数据，这就排除掉了除 Landsat 和 NOAA-AVHRR 以外的许多传感器。如果要获取到 EO 的时间序列数据并且对于追踪目标进程可用，宇航局就必须保证任务的持续进行。目前业务化的 EO 产品的空间分辨率通常大于 1km，并不适在生态系统尺度全面监测目标信息

目标 16. 获取遗传资源和分享其带来的惠益

到 2015 年，《关于获取遗传资源以及公正和公平地分享其利用所产生惠益的名古屋议定书》（以下简称《名古屋议定书》）已经根据国家立法生效并实施

●	目前不能通过基于 EO 的方法获得
可业务化指标（部分）来源于遥感数据	无

目标 17. 制定国家生物多样性战略和行动计划（NBSAP）

到 2015 年，各缔约方已经制定、通过和开始执行一项作为政策工具有效的、参与性强的最新国家生物多样性战略与行动计划

●	目前不能通过基于 EO 的方法测量，但是 EO 数据可以用于 NBSAP 计划，例如，从土地覆盖信息、土地覆盖变化或测量污染的压力确定生境优先级
可业务化指标（部分）来源于遥感数据	无
目前 EO 方法	属于间接的方法。随着时间的推移，在国家环境内其他爱知目标监测的完成可以潜在地表明一个国家在执行 NBSAP 上是否成功

目标 18. 尊重和利用传统知识

到 2020 年，使与生物多样性保护和可持续利用有关的土著和地方社区的传统知识、创新和做法以及它们对生物资源的习惯性利用得到尊重，并纳入和反映到《公约》的执行中，这些应与国家立法和国际义务相一致，并使土著和地方社区在各级层次的充分和有效参与

●	目前不能通过基于 EO 的方法直接测量。然而，基于 EO 的产品如果和其他数据源联合将会有助于实现这个目标。为了对该目标有一个全面的理解，现存的基于 EO 的土地覆盖信息可以加强目前在土地占有制和土地利用上的社会经济信息
可业务化指标（部分）来源于遥感数据	无

目标 19. 共享生物多样性信息和知识

到 2020 年，已经提高、广泛分享和转让并应用与生物多样性及其价值、功能、状况和变化趋势，以及与生物多样性丧失可能带来的后果有关的知识、科学基础和技术

●	目前不能通过基于 EO 的方法直接测量。如果利用遥感监测其他可测量的爱知目标的知识和技术能够得到改进，将有助于实现这个目标
可业务化指标（部分）来源于遥感数据	无

目标 20. 调动各种来源的资源

最迟到 2020 年，依照“资源动员战略”中综合和商定的进程，用于有效执行《生物多样性战略计划（2011—2020 年）》而从各种渠道筹集的财务资源将较目前水平有大幅提高。这一目标将视各缔约方制定和报告的资源需求评估而发生变化	
●	目前不能通过基于 EO 的方法直接测量
可业务化指标（部分）来源于遥感数据	无

3 国家经验教训

在过去的几年中，各国在国家尺度上根据其特定需求、能力以及环境情况，采取了不同的遥感监测生物多样性的方法。以下案例研究不同方法和产品在国家和地区尺度上的应用，及其对制定与执行政策的影响提出了深刻见解。同时举例说明如何克服一些限制及挑战。本章阐明了开放存储数据，国家尺度的对地观测数据产品及其指标，对战略保护计划的投入与风险的近实时监控，以及在多空间尺度上进行观测的综合监测网络的益处。

3.1 遥感监测工具：澳大利亚火灾监测

澳大利亚由于人口基数较低且陆地面积（750 万 km^2）较大，从 20 世纪 70 年代第一个地球观测卫星发射起，遥感技术就已经被用于野外火灾监测、火痕绘制和常规环境监测中。在澳大利亚，遥感已被证明为最适合用于大范围火灾追踪监测、常规环境监测、燃油荷载勘察和燃料干度监测的技术。

2003 年，澳大利亚联邦科学与工业研究组织（CSIRO）同国防与地球科学部开展了“哨兵热点”林火追踪系统，并与已搭载在美国 NASA 的 Terra 和 Aqua 卫星上的中等分辨率成像光谱仪（MODIS）为数据基础的 WebGIS 平台进行联合。利用两颗卫星每天以 1 km 空间分辨率扫描全球四次与 WebGIS 系统从卫星过境到热点位置可视化大约有 45 min 的时间延迟，使得近实时火灾监测系统成为可能。现今，哨兵系统被安置在澳大利亚地球科学局（http://sentinel.ga.gov.au/），并使得联邦和州火灾管理部门、自然资源管理部门、生态学家和公众可以全天候使用该系统，可查询如全国火灾发展情况研究。同时，美国农业部（USDA）/ 内务部（DOI）的红外项目协助了澳大利亚的工作。其他国家和区域的系统均使用了类似监测方法，如西澳洲的“火情监视”系统和北部地区的北澳洲火灾信息系统（NAFI）。

2006 年亚太地区空间机构论坛(APRSAF）采纳上述理念，并建立了“守望亚洲”灾害监测系统。到目前为止，已经有超过 15 个区域性成员国政府和相关机构通过该系统提供并使用监测信息来帮助亚太地区监测未来发生灾难的可能性以及评估洪水、降雨、滑坡、地震和其他自然灾害的影响。

与此同时，这些遥感技术也被用于绘制澳大利亚丛林大火中过火区、烧痕、草地消退和其他与火灾有关的变量。 澳大利亚陆地生态系统研究网络（TERN–www.tern.org.au）的“AusCover”遥感数据设施（www.auscover.org.au），从 2009 年起提供免费开放的国家区域尺度上的卫星数据信息，它们被用于火灾生态学研究、保护区的火灾影响评估和温室气体排放量估算及其他方面。查尔斯达尔文大学的史蒂芬 · 迈尔博士通过卫星数据产品计算出“火灾指数”帮助本地土地管理者和生态学家监测意外火灾影响与战略性控制火情以减少每年火灾所造成的损失。同样，由气象局发布的“草地治愈指标”提供评价澳大利亚大陆上草地在干枯季和夏天的草地干枯和火灾风险动态变化过程。这些派生数据集为生态系统研究人员和保护管理者提供了大量关于生态群落火灾的信息，并提高了评估由不同类型生态系统火灾导致的二氧化碳排放量。

3.2 免费开放获取数据的效益：巴西案例

地理面积超过 850 万 km^2 的巴西，具有较高的生物多样性和特殊的生态系统，比如亚马孙河和潘塔纳尔湿地地区、农业持续增长的种植区域、土地利用和土地覆盖快速变化的区域以及过长的海岸线，这些都非常适合基于空间的遥感技术应用。因此，自 1973 年成为第一批建设和运营自己的遥感地面基站以接收 Landsat-1 卫星数据的国家起，巴西就走在了遥感研究应用的最前沿。

20 世纪 80 年代末，中国同巴西一起开发了名为“中巴地球资源卫星”的民用遥感卫星计划，该计划成为世界上第一个由两个发展中国家合作研制并发射遥感卫星项目的一部分。迄今为止，三颗卫星已经被发射（CBERS-1 1999 年发射，CBERS-2 2003 年发射，CBERS-2B 2007 年发射），第四颗卫星即将被发射（CBERS-4 预计 2014 年发射）。

CBERS 项目主要方向之一是 CBERS-2 卫星发射后数据采用的政策。当数据要求以电子格式呈现时，巴西采用了免费的 CBERS 数据发布政策以面向新的用户、应用和商业。卫星数据由最初面向巴西用户，延伸到邻近国家，最后面向全世界开放。目前，所有的 CBERS 数据均由巴西库亚巴市的地面基站采集，并针对所有人免费（www.dgi.inpe.br/CDSR）。

自从采取了开放数据政策，每年超过 100 000 幅影像由巴西分发到数以千计的用户和机构中。系统具有十分快速的数据处理速度，用户只需几分钟便能得到满足其需求的全分辨率影像。该数据政策和简单的影像发布体系使得遥感用户和相关应用数量显著提升。因此，巴西国内与农业、环境、地理和水文相关的组织全都是 CBERS 的用户。目前的数据政策激发了成百上千的遥感商业市场。社会对环境的控制也得到显著加强。

巴西法律要求每个农场主识别并通知环境组织每个农场内需要保护的地域。这被称为环境许可，并被推广到国内很多州。目前，这一过程绝大部分是基于 CBERS 影像完成的，同时，也造就了数以百计专门从事这一业务的小型企业。CBERS 影像的一个有趣应用是税收执法。有些地区用 CBERS 影像来监测农场以确保农场主的所有声明没有违反税法。

对快速免费访问 CBERS 数据的另一个重要环境应用是绘制森林砍伐区域。政府机构常常很难获取最新遥感数据，尤其是发展中国家。在巴西，森林砍伐是亚马孙流域最主要的环境问题。政府环境保护组织依靠遥感监测采取应对措施。过去，亚马孙流域每年的监测基础主要依据 NASA 的 Landsat 卫星数据，但是在 CBERS 成功发射之后，巴西监测亚马孙流域的能力显著提升。另外，CBERS 数据与 MODIS 数据联合应用于“森林砍伐实时监测”项目下的亚马孙流域永久监测系统。它能够探测到森林砍伐的早期迹象，并及时警告环境署以采取措施。

3.3 遥感在加拿大保护区域的应用

加拿大是世界上面积第二大的国家，其面积接近 1 000 万 km^2。监测像加拿大这样的国家的生物多样性及相关生态系统需要大尺度的国家评估能力。在过去的五年里，英属哥伦比亚大学（UBC）、维多利亚大学（UVic）以及加拿大自然资源部（NRCan）的林业局（CFS），调查了遥感在评估加拿大生物多样性方面的作用。

这项研究包括能够表征国家尺度上各种物种生境的指数，以及能够评估的区域或环境领域的生产成果，比如以园区网络为代表的研究可被用来指导国家生物多样性计划。

（1）动态生境指数（DHI）在加拿大的应用

植被生产力是被广泛认可的大尺度生物多样性模式的预报因子。通常，生产力越高的地区其生物多样性越丰富。生产力易于由遥感数据的快速、重复的监测得到。加拿大利用动态生境指数（DHI）从三部分衡量植被生产力，以大范围重复监测栖息地状况。DHI 是通过卫星估算的光合有效辐射比例（fPAR）计算得到的，该指数表征了植被生长能力。这三部分是：

1）景观绿度年均值：一年的总生产力，长期被认为是很强的物种多样性预测因子。

2）年度最低绿度：表示支撑物种全年生长的最低生产力。在夏季末没有明显被雪覆盖的地方会在冬天依然保持绿度，且植物的光合有效辐射比例一直大于零。而在某些被雪层覆盖的地区，其光合有效辐射比例近似为零。

3）绿度的季节性变化：是气候、地形与土地利用的综合指标。例如，在多山的内陆地区中森林和草原的生长期比沿海的生态区短很多。越高的季节性值意味着季节性极端气候条件的显著发生或是农产品生产时段的限制。低值区通常代表了灌溉牧草地、荒地或是常绿森林。

DHI 的这三部分使其成为测试与多样性生产力关系有关的假设的首选指标。依据生态理论的动态特性，使得 DHI 比单一的遥感指标更具说服力（图 3.1）。

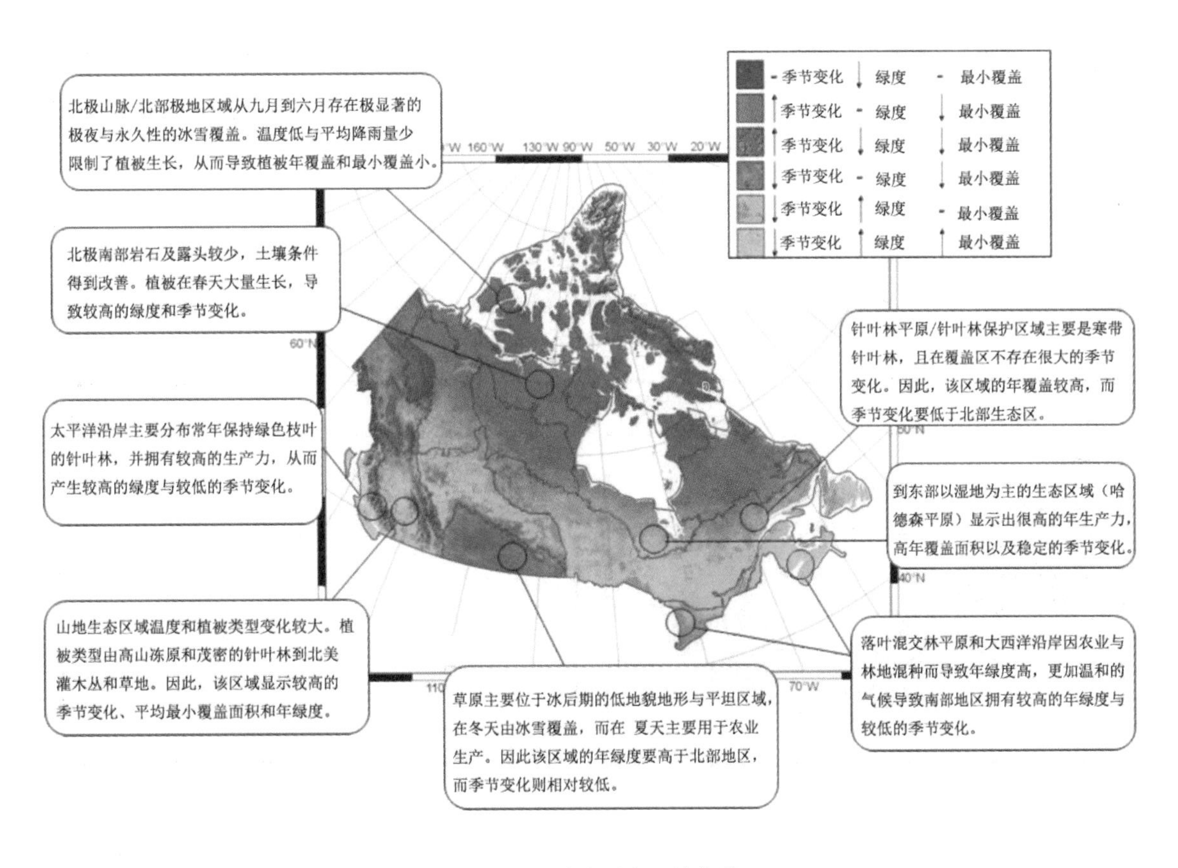

图 3.1 加拿大动态环境指数

（全国不同生态地区显示不同的 DHI 组成：生产力、季节性和最小覆盖率。空间差异由颜色变化表示。）

全国不同生态地区显示不同的 DHI 组成：生产力、季节性和最小覆盖率。因此而产生的空间差异由颜色变化表示。

DHI 来源于 MODIS（NASA 2000 年起）或 AVHRR（先进型高分辨率辐射仪，1986 年起，对研究人员免费开放）。分辨率低、覆盖面积广的特性使得遥感对监测人力无法抵达的偏远地区的生物多样性具有很好的效用，而利用低分辨率传感器绘制加拿大的 DHI 分布状况就是一个很好的例子。DHI 的使用已经扩展到北美，同时，全球DHI产品正在制作中。另外，美国正在执行国家土地覆盖数据（NLCD）、LandFire和保护空缺分析（GAP）等项目，这些项目旨在利用不同尺度详细描述全面土地覆盖变化。

（2）环境域及其保护区代表性

遥感计算生物多样性指标的另一个使用途径是提供基础特征描述信息。DHI和土地覆盖信息、破碎作用、扰动信息和积雪覆盖等其他遥感数据集将聚集像元发展为环境域或拥有共同环境条件的地区。环境域与传统的生态区类似，却不等于在空间连续性原则的要求下不得不包含非典型区域的生态区；环境域没有空间离散，因此允许同质单元拥有更一致的分类。该环境域可用于评估，如加拿大公园和保护区以及未来的储备系统保护规划的代表性。

加拿大的保护工作主要集中于北方森林，目前有8.1%的森林处于保护状态，而它们中一些位于遥远的北方或高海拔地区的针叶林使得环境生产力低下。然而，由于其偏远与难以到达，其中80%的森林处于近似保护状态；因此，该区域拥有巨大的保护投资潜力。利用15个遥感数据集和物种风险数据来评估各种假设的自然保护区场景被应用于：①不同层次保护目标及自然保护区密实度；②遥远的或完整的荒野地区的优先选择次序。

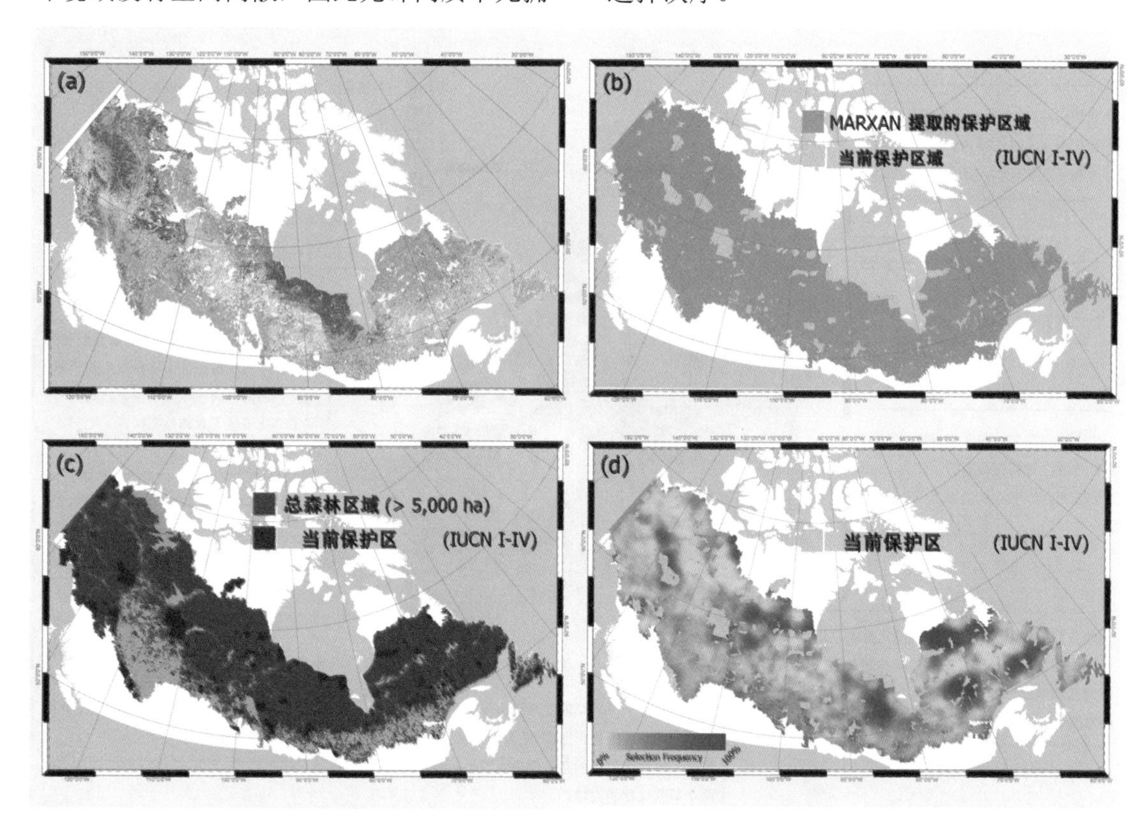

（a）15个环境域的空间分布（Powers et al., 2013）；（b）最佳或接近最佳的MARXAN保护区设计方案（利用可访问的图层优先重视远离人类的偏远地区场景）；（c）加拿大全球森林监视（GFWC）总森林景观和目前的保护区（IUCN I-IV）；（d）所有MARXAN在同样场景下迭代运行500次结果（用于决定每个计划单元的选择频率（0～100%）并提供计划单元对有效保护区的重要性指标）。

图3.2 加拿大环境保护区域

结果显示自然保护区密实度极大影响了保护区面积和成本，将保护只限制在完整的原生环境保护区，也降低了灵活性和储备成本效率。然而，优先选择偏远的、人无法到达的区域能够为自然保护区提供灵活规划以满足所有方案，并证明这个方法对协助生物多样性保护工作起到重要作用。结果显示从遥感获得的生物多样性的间接指标是建模并监测国家及大陆尺度的生物多样性的有效工具，并为生态研究的基础与应用提供有价值的依据。

为了确保物种和生境的多样性以及其在现在和未来的状况得到保护，所有环境域应该被充分地表示在综合保护网中。过去常用于识别域的聚类分析也能识别独特的环境情况，因此可能会成为环境保护中最值得关注的地方。如 MARXAN 的空间保护计划工具有助于决定在何处优先实施保护计划。该方法包含了如与土地征用、管理、人类活动相关的土地面积或经济成本等诸多方面因素，旨在以最少的成本及最有效的解决方案解决保护问题。

3.4 遥感数据在南非生物多样性指标体系创建中的应用

遥感数据是许多生物多样性指标的基础，这些指标被南非国家生物多样性研究所（SANBI）应用于 2004 年国家空间生物多样性评估（NSBA）和 2011 年国家生物多样性评估（NBA）。共有 16 个指标部分或是全部由遥感数据计算得到。

尽管遥感数据广泛用于生物多样性指标，但只有两个核心数据集是由遥感数据直接分析得到，分别为 1994 年和 2000 年国家土地覆盖数据集。新的国家土地覆盖数据集预期在 2017 年完成。SANBI（南非国家生物多样性研究所）通过更新地方性土地覆盖数据和其他矢量数据更新了 2000 年国家土地覆盖数据集。这为计算 2011 年的 NBA 指标提供了基础数据。以下生物多样性指标将土地覆盖作为基础数据集：陆生生态系统威胁状态、生物群落中的气候变化稳定性和生物多样性优先领域。

以下 2011 年 NBA 指标由卫星或航空影像创建得到：河流生态系统威胁状态，河流生态系统保护水平，淡水生态系统保护区，湿地生态系统威胁状态，湿地生态系统保护水平，河口生态系统威胁状态，河口生态系统保护水平，重点河口、海洋和海岸生态系统威胁状态，海洋和海岸生态系统保护水平，特别关注的物种（特别是药用植物和受威胁的淡水鱼）、外来物种入侵（特别是木本入侵物种）。

3.4.1 局限性

以下描述了使用遥感数据所受到的局限。在大多数情况下，该局限导致无法使用遥感数据来建立指标。

（1）原始数据成本与空间分辨率

南非国家航天局（SANSA）为各省、管辖区、政府部门和政府机构如 SANBI，提供了 SPOT-5 影像的 3A 级和 3B 级产品（空间分辨率 2.5 ～ 10 m）。第一幅全国 SPOT 5 拼接图像于 2006 年完成。Cape. Nature 将 SPOT 2005 影像用于 CAPE 小尺度分析（SANBI, 2007），SANBI 目前不支持访问该影像。现已可以从美国地质调查所（USGS）下载 Landsat 遥感影像，且 Landsat 5 影像已用于 SANBI 的植被研究（Mucina & Rutherford, 2006）。

然而，某些生物多样性特征如湿地、入侵灌木、溪流等不能被 Landsat 或 SPOT 卫星识别。遗憾的是，GeoEye 和 QuickBird 生成的影像并不对 SANBI 免费开放，并且对南非而言所有影像花费成本很高。这限制了遥感数据在超过 2.5 m^2 的生物多样性特征覆盖区的使用。

（2）不同植被类型分析

南非不同的生物群落需要通过不同的遥感方法来识别植被类型。用遥感识别南科灌木生物群落的植被存在一些问题，因为它混淆了草龄这一重要的植被特征（Mucina &Rutherford, 2006）。这一局限通过利用植被分布的矢量数据得到解决。某些入侵物种如刺槐也被错认为南科灌木，但由于缺乏入侵物种的分布数据导致该局限无法得到解决。

在草原生物群落中，遥感还面临着其他挑战。休耕农田被认为是自然草原，然而实际上它们只包含了原始草原应有的小部分牧草种类。该局限通过引入耕地的矢量图而得到解决。

（3）不同规定与商业成本

南非的遥感专家数量十分有限。国家地理空间信息，是国家农村发展和土地改革部门的一部分，它负责创建并维护国家土地覆盖和土地利用数据库。遗憾的是，该进程自2000年起没有产生过完整的数据集（2005年发布），并计划到2017年利用2012—2014年获取的影像以10 m的分辨率和1 hm^2 的最小测绘单元对整个国家完成土地分类与变化检测。为达成目标，各省以高额成本向相关商业者获取土地覆盖数据。南非九个省份中有三个创建了省级土地覆盖数据（SANBI, 2008），还有三个省拥有部分土地覆盖数据。SANBI通过各省级土地覆盖数据交叉和其他各种更新的矢量数据更新全国土地覆盖数据。国家土地覆盖在2009年得到更新（SANBI, 2009）并于2013年再次更新，它主要用于其他数据层次和生物多样性指标（Driver et al., 2011）。

（4）地面实况

因为南非广阔的、多样化的土地覆盖，导致遥感很难获取其地面实况数据；商业部门通过航空或高分辨率卫星影像随机地获取地面实况以降低该难度（SANBI, 2008）。精细尺度规划项目利用专家研讨会（SANBI, 2007）评价最新生成的土地覆盖数据并判断其是否准确。

（5）缺乏经验

除了上述所有限制以外，技术人员、软件及硬件的缺乏，使得SANBI至今不能制作出完整的国家土地覆盖数据集。最近SANBI在训练一个工作人员使用ENVI并获取了ENVI和ERDAS许可证，然而依然缺乏能够就本项工作提供科学基础意见的员工。

3.4.2 时空分辨率

国家监测尽可能要求最高的空间分辨率和辐射分辨率，从而使得区域尺度上的测绘分析和国家尺度的一样。在南非用于数据获取与分析的最优模型大多数基于区域尺度（市级与省级尺度）；全国范围的数据集由这些数据合并且填补空白得到。然而，该方法必须保证国家和区域尺度分析结果的一致性，因此不可能在区域尺度上使用SPOT影像，而在国家尺度上使用Landsat影像。

监测一般要求时间分辨率为1～5年。尽管5年采集一次土地覆盖数据集是可以接受的，但是大范围的土地覆盖变化监测需要更短的时间分频率。考虑到要花1年时间收集、分类、检查和制作土地覆盖变化的地图，2～4年的时间分辨率是最合适的。另外，在绘制生物多样性特征时必须拥有干湿季的影像，而在南非这意味着最少要获取到12月和6月的影像。

3.4.3 建立指标的补充信息

两种主要数据类型被用于补充遥感数据。

（1）非遥感的矢量和栅格数据：该数据集表征研究区域所固有的特征属性，例如，部分土地一旦被耕作就不可能恢复到自然类别，反而更像是休耕地。

（2）专家意见：专家意见在植被制图上至关重要。由南非植被制图委员会构成的专家组仍以基本原则为基础会面讨论国家植被地图的变化（Mucina & Rutherford, 2006）。这些变化可能是由新物种分类或新野外工作导致的。

3.4.4 未来优先级

南非迫切地需要一系列最新的土地覆盖数据集评估陆地、河流、湿地和河口生态系统（Driver et al., 2011）。完美的领导能力与国际上展示的最好的土地覆盖数据创建实例均有利于其土地覆盖数据的建立，尤其是在生物多样性背景下。

3.5 集成遥感和野外观测的日本生物多样性观测网络（J–BON）

为了充分整合生物多样性分布的监测以及它在气候与土地利用变化下与生态系统服务的关联，J-BON 和亚太地区生物多样性观测网（AP-BON）在 2009 年建立了“野外 / 遥感集成”工作组（WG）。工作组将陆生生态系统和水生生态系统的遥感数据与野外生态数据结合起来旨在达到以下两个目的。

1）支持加强合作研究及知识共享，尤其是在生态系统功能研究和生态学研究的超级站点，尤其是日本通量观测网络（Japan-FLUX）和日本长期生态研究网络（ILTER-EAP/ILTER）的站点。在这些观测网络调查了区域内生态因子间的联系，并且通过内插 / 外推关系调查了区域外的生物多样性分布。

2）支持在种群尺度与生物多样性领域的专家 / 小组开展大范围的合作研究，以提供更加准确的植被分布的特定种类信息。因此，直接由卫星得到的观测数据也可以间接协助评估生境中卫星无法观测的物种。

对陆地生态系统和生物多样性观测而言，发展了三个主要研究来支持多学科观测网络（见 Muraoka et al., 2012）：

①“垂直深 - 外侧稀疏网络”通过连接现有研究网络探索生态系统组成、结构和功能与各种生态系统环境梯度之间的相关性。多尺度和长期的原位观测生态系统属性或其光谱属性与遥感之间存在重要联系。

②“垂直浅 - 外侧密集网络”刻画植物、爬行动物、鸟类和微生物在生态方面的相互关系（如生境质量、偏爱地、分布格局的评估）。高空间分辨率的土地利用图与生态系统类型由各种样地尺度的观测联系起来。

③“基于 GIS 的生物、生态、物理数据集成”实现对生态系统组成、结构、功能的综合理解，进而预测其在气候与人类影响下的变化。将生态系统动力学、生物多样性及其驱动因子整合的经验统计模型或基于过程的生态模型，将是联系自然生态系统科学家、社会体系和决策者的理想方法。

为实现其目标，J-BON 已开展与现有的生态系统观测网络、地球科学机构和政府部门之间的合作。野外 / 遥感集成工作组旨在得到如下成果：

- 通过对遥感影像（起于日本后扩展到东亚）分类获取最新的土地利用 / 植被图，将作为重要的基本信息服务于为生态系统功能分析、野生动物及濒危植物潜在生境估计、生态系统服务的生态足迹。
- 生物物理学植被参数图可用于生物多样性和潜在生境指标，例如叶面积指数、树高和地上生物量。
- 联系全球气候变化与局部 / 地区气候变化的模型（有现实应用的理论模型），它是对生态系统结构、功能及生物多样性的影响及响应（以及对生态系统功能可能发生的反馈，例如碳和营养物质的循环）。
- 对在“超级站点”中上述观测站点和模型验证分析了长期的生态学和生物化学研究与 CO_2，水通量。前者将由 JaLTER 提供，而后者由 JapanFlux 提供。作为本项目的一部分，2003 年建立的“物候观测网络（PEN）”通过对生态系统结构和功能的测量如物候的光学测量方法以验证遥感数据（Nishida, 2007）。
- 将现有的观测网络如 JaLTER 和 JapanFlux 的各种数据集结合起来，就需要全面完整地理解生态系统以及系统随气候变化产生的变化。名为“JaLTER-JapanFlux-JAXA-JAMSTEC-J-BON”的合作委员会建立后，J-BON 将领导该组织并通过 ILTER-EAP 和 AsiaFlux 强调其对亚太地区的必要性。

为了实现这些目标并得到相应成果，J-BON 加强了生态系统科学委员会与日本宇宙航空研究开发机构 JAXA 之间的合作。合作包括的 J-BON，不仅是 JAXA 卫星数据（ALOS、Terra/ASTER、GOSAT、TRMM）的使用者也是地面观测数据的提供者，它还和生态系统专家一起为设计未来卫星观测提供所需的生态学目标、需求与知识，这对传感器和卫星有效的、安全的发展起到至关重要的作用（例如，ALOS-2, GCOM, GOSAT-2, GPM）。J-BON 期望所有的利益相关者均能从中获利。然而，为了使这项合作持久并对各方有利，JAXA 向科学团体开放其卫星数据是必需的。

在生态系统结构和功能上使用遥感空间数据和野外观测系统，J-BON 正在执行旨在绘制日本和东亚的生物多样性和生态系统功能 / 服务的五年计划（2011—2015），该计划由亚太生物多样性观测网络（AP-BON）和日本环境部（S-9 项目）支持。基于每个发布年、空间分辨率、数据格式、大地测量参考系统和所要求的土地利用 / 覆盖类型的数据成果都汇总在 Akasaka（2012）上。

4 限制与挑战

4.1 什么限制了遥感在发展指标中的使用

选取EO产品构建指标时，需要综合考虑可用数据、空间分辨率、覆盖范围、传感器光谱特性、图像采集时间、云量程度、地面验证和后续分析对计算指标的影响，还需结合全部的图像成本及分析工作。所有这些因子都可能限制遥感数据在计算指标上的应用。

4.1.1 数据采集成本与数据访问策略

EO数据获取常被许多生物多样性研究者看作最主要限制因素。如今，许多航天机构和国家免费发布它们的卫星数据，因此，大量的地球观测数据产品正免费面向社会。然而高或超高分辨率影像只能从商业渠道获取，且其花费成本仍然很昂贵（Leidner et al., 2012）。至今，少有免费且适用于区域尺度应用的Landsat和MODIS数据，这都限制着表征群落生物多样性的EO产品的开发。2013年2月NASA发射的Landsat 8以及即将发射的ESA/EC Copernicus Sentinels系列卫星将进一步增加免费数据的可用性。更多数据产品的详细信息请参考附录5。

然而，开放获取遥感数据有时是对用户类型有条件要求的，无论它是研究组织、私营部门还是学术部门。更多没有组织或使用者访问限制的数据访问对研究者更加有用，例如NASA对USGS（美国地质调查局）和Landsat数据的访问策略。然而，一个完全开放的数据访问政策并不意味着简单快速的数据访问。例如，ESA/EC哥白尼哨兵数据政策提供免费、开放的数据访问，但在ESA成员国以外的地方数据是否易于获取并不清楚。

随着适用于从站点到区域尺度各种空间分辨率的私营、航空、航天传感器的出现，使得大尺度测绘成为可能（Infoterra, 2007）。然而，高额的花费对大多数生物多样性研究者和保护人员而言是一个挑战，因为获取超高分辨率数据十分昂贵（Leidner et al., 2012）。

其中一个克服该局限的可能就是与政府机构合作以确保研究者和分析人员以较低成本获取高分辨率数据。例如，美国政府的一些联邦机构同提供影像数据的商业部门签订数据购买合约，以获取最新的遥感产品满足研究与需求（Birk et al., 2003）。这需要政府部门主动认识到其在提供测绘与监测数据以满足居民需求方面的责任。NASA地球科学事业（ESE）与IKONOS空间成像系统之间的合作就是一个很好的企业、政府和终端用户相互合作的案例（Goward et al., 2003）。然而，比起技术性因素，合作伙伴之间的组织与法律方面因素是决定成功更为重要的因素（Goward et al., 2003）。

4.1.2 数据访问：互联网搜索系统

在某些领域，与上文有关的限制就是互联网数据访问权限的问题。例如，非洲很多国家进入USGS就要受到带宽的限制（Roy et al., 2010）。然而，尽管通过新的光纤电缆进行宽带连接能够改善该问题，但建立国与国之间的网络仍存在一些问题。而政府法规也可能会继续限制各国间的网络访问（Roy et al., 2010）。

另外，大多数空间机构的数据产品和搜索与订单系统只面向大量拥有专业技术知识和受过培训的用户。虽然这种情况正在改变，但许多搜索与订单系统提供的遥感数据仍然只适用于专家，而且许多生物多样性研究者并不熟悉遥感数据产品需要的知识或工具。难以寻找合适数据集并使用它们，这两方面的障碍限制了遥感数据在环境保护中的应用。

4.1.3 处理需求

假设已经找到合适的数据集，在使用该数据之前常需要对其进行预处理，如影像配准、地形校正、正射校正和大气校正。这些预处理工作最好均能被系统自动地完成，从而产生可以使用的 EO 产品。更多标准化的方法如全球环境与安全监测（GMES）的快速追踪服务，使得以 EO 为基础的分析可提高终端用户团体的成本效益和效率（Infoterra, 2007）。联合研究中心（JRC）数字化自然保护区观测站（DOPA）的网络服务自动收集并预处理遥感影像以提供保护区内生物多样性信息（Dubois et al., 2011）。GFW 监测系统 2.0 也包含了一系列预处理步骤并通过 Landsat 影像产生一致的森林砍伐信息，尽管在编制本报告的时候该系统还未被发表，它仍处于开发阶段。总之，数字影像收集处理系统的需求正在被得到满足。

4.1.4 产品研发水平：需要更多“派生”产品

对原始卫星影像的研发水平也是一个重要问题。对非专业人员来说派生的地理学参数，如植被指数，常比原始遥感数据更有用（Leidner et al., 2012），但是许多系统只提供诸如反射率和辐射产品的微加工数据集。NASA 使用的哥白尼全球土地服务及类似系统，如分布式数据中心群（DAACs），通过由卫星影像生产的可用且免费的地球物理及生物物理产品以增强终端用户的使用能力。然而，发展中国家的带宽和网速的限制将阻碍数据访问及 EO 数据的使用（Roy et al., 2010）。

4.1.5 在发展指标中使用 EO 数据的能力

普遍认为，生物多样性专家缺乏对遥感技术的认知，限制了使用遥感数据构建生物多样性监测和计算指标（Leidner et al., 2012）。越来越多的人认为使用遥感信息就是寻求更高运算能力和先进的 EO 产品，但是遥感数据集通常有其特殊的格式，这使得数据无法被立即使用，需要经过技术培训的专门工具才能进行分析处理（有时还需要非常专业的培训，如为 LiDAR 及高光谱数据）。同时，这些工具非常昂贵，因此对开源软件的呼吁越来越高（Leidner et al., 2012）。

通常，原始遥感数据计算指标需要有使用遥感数据、数据分析和统计分析的专业知识与能力。这是发达国家和发展中国家的共同挑战。更多分析数据和加工成本详见附录 5。针对用户在区域或国家尺度上的需求提供专家意见是很有益的，例如与加拿大遥感中心（CCRS）的合作。

应该指出的是，并不是所有的遥感数据都难以获取与使用，而且目前增加数据获取的便捷性已成为一种趋势。其中一个例子是 TerraLook [2]，免费提供地理配准后带有地理位置信息的 jpeg 影像，并提供一个简单、直观地进行各种处理的工具集。如果不是复杂的数值处理，TerraLookimages 与 USGS 提供的 LandsatLook 产品一样将易于发现和适用于许多应用。另一个例子是 Rapid Land CoverMapper [3]，它是一个可以提供非常简单的测绘、量化土地覆盖和土地利用的工具。

4.1.6 有效的数据验证策略

缺乏有效的精度验证限制了生物多样性

注 2 http://terralook.cr.usgs.gov/.

3 http://edcintl.cr.usgs.gov/ip/rlcm/index.php.

研究者对遥感数据的使用。如果生物多样性研究者想准确使用EO产品，则需要许多野外测量数据对其进行校准与验证（Infoterra, 2007）。航天机构也应该关注野外数据验证EO产品，因为没有验证，就无法确定EO产品的适用性（Green et al., 2011）。然而，我们正在努力解决这个问题。例如，地球观测卫星委员会（CEOS）陆地产品验证（LPV）小组在8个专题领域积极使用野外测量数据在全球范围内验证EO产品。它们的验证主题多种多样，从物候产品到积雪覆盖、火灾面积和土地覆盖产品（CEOS LPV, 2013）。英国环境、食品和农村事务部（Defra）科学理事会早已提出一些在生物多样性监测上使用EO数据的限制。中国不久将会针对全球尺度的土地覆盖变化产品进行大量投资。

土地覆盖是需要先进的地面验证方式的专题数据，尤其在土地覆盖变化被可靠监测的情况下（Green et al.,2011; Hansen、Loveland, 2012）。精度评估缺乏最主要的原因是没有同期的足够空间覆盖范围的地面实测数据（Infoterra, 2007）。通常野外测量成本高、劳动强度大并且其有时很难与卫星影像图像同步。然而，如果基于EO产品的土地覆盖与生境制图比野外测量更加有效，那么有效的验证方法将会非常关键（Vanden Borre et al., 2011）。如DOPA的在线工具能够让终端用户利用Google地图验证其上传的产品。

4.1.7 空间分辨率及空间尺度不足

可用的遥感数据产品的空间分辨率低于监测所需时，空间尺度问题也是限制指标发展的因素。例如，解决诸如在保护区内生境退化的环保问题，需要一个对尺度变化敏感的指标。如土地覆盖就是一个对尺度特别敏感的参数。一个全球或洲尺度的土地覆盖产品（如GLC 2000或Globcover）可能满足国家尺度的需求，却无法提供保护区尺度的变化信息。然而由于传感器的限制，研发一个满足保护区尺度监测需求的产品，基本无法在全球尺度上生产。

基于Landsat（≤ 30 m）和MODIS/AVHRR（250～1 000 m）的空间分辨率的土地覆盖产品能满足研究生物多样性群落的需求。然而，超高分辨率（≤ 5m）的土地覆盖信息更有利于监测植物群落水平特定区域植被群落变化或绘制诸如树冠和灌木等地表目标。名为生物多样性多源监测系统：BIOSOS和MS MONINA的两个欧洲GMES计划，正在研究基于EO的工具和模型来融合高分辨率与超高分辨率影像以监测NATURA 2000站点及其周围环境。使用航空或更高分辨率的卫星传感器研究地方尺度的指标可能是满足特定保护区需求的潜在解决方案，但目前还无法实现。

4.1.8 长时间重访周期与短时间序列的趋势分析

地表过程的时间变化率与一些EO卫星的重复周期的不一致，会制约产品检测特定地表变化的精度。例如，在热带地区，Landsat16天的重复周期因受季节性和云覆盖的影响，而制约了有效的年土地覆盖更新数据（Hansenand Loveland, 2012）。然而，巴西国家空间研究机构（INPE）研发了近实时监测森林砍伐（DETER）产品（进一步细节参见3.2），该产品使用每日MODIS数据向有关部门提供一个实时警报系统以监测亚马孙森林砍伐情况（Hansen and Loveland, 2012）。

较低的重访次数阻碍了Landsat对研究指标的适用性，尤其是地表变化周期为一天到一周的时候。此外，时间周期为8天的MODIS合成产品对一些自然现象很敏感，比如，发生在更细时间尺度上地面植被的物候变化（Cleland et al., 2007）。理想的变化监测需要一个较高的重访次数，例如前文提到的Sentinal 2号卫星的重复周期为4～5天。然而，卫星传感器的空间分辨率、空间覆盖率与重复周期之间总需要达到一种平衡。

遥感时间序列的持续时间会制约生态系统长期监测的效果。由于一些EO产品相对较新，目前还没有充足的时间序列数据。这对在全球尺度的土地覆盖和土地利用变化信息的指标研究是一个特殊挑战，它需要一个基于生态系统专题类的年代际尺度的土地覆盖变化分类（Leidner et al., 2012）。只有部分传感器拥有这种多年代际时间序列数据，如Landsat和AVHRR, 而其他的如MODIS和MERIS仅有大约十年的时间序列数据。定期更新土地覆盖分类数据能用于趋势分析，如1990年、2000年和2006年以及将于2014年更新的全欧洲CORINE土地覆盖（CLC）分类。

4.1.9 国家与国际尺度的协调方法与数据收集

协调的EO产品需要更好的数据收集与处理的协调方法。这是GMES组织（Infoterra, 2007）的目标之一。例如，人们呼吁通过一致的全欧洲生境分类法来减少周围国家间生境分类系统的不确定性（Vanden Borre et al., 2011）。然而，这种生境参数高度依赖于像元大小和对尺度的敏感性（Nagendra, 2001）。因此，任何国家系统内的协调努力必须考虑其影像的适用性。已建立的全球生物多样性观测网络（GEO BON）着重于研究不同机构观测系统的联系以构建一个整合的生物多样性监测系统（Scholes et al., 2012）。

4.1.10 云覆盖

云覆盖是光学遥感的一个巨大限制。一些物种丰富的生境长期被云层遮盖（如山地林），且始终无法被传统的光学卫星系统采集到充足的影像。这迫使终端用户接受“使用你能得到的”方法，而很难使得以EO为基础的工作程序简化（Infoterra, 2007）。然而，通过统一的预处理方法进行云消除和大气校正的自动化过程已有重大进展。例如，陆地生态系统干扰自适应处理系统（LEDAPS）基于Landsat 5和Landsat 7影像进行云和云阴影移除以及自动大气校正。统一的云筛选和大气校正方法产生了一套连续的Landsat预处理影像。这些影像可通过数据列表中的Landsat的CDR选项下的地球检索网得到。一经用户请求，任何Landsat影像的预处理现在都可以通过LEDAPS系统完成。

4.1.11 遥感在陆生生态系统的特殊局限性

陆生区域至今没有形成一个涉及多学科的联合方法，以达到更好地对全球陆生系统的理解的目的，而该方法已在海洋环境中实现（Infoterra, 2007）。例如，世界气象组织（WMO）和UNESCO的政府间海洋学委员会（IOC）为全球海洋气象观测网络创建了一个联合工作小组，遥感观测在其中扮演重要角色（JCOMM, 2013）。广泛应用于海洋和大气区域的模拟方法在地面模拟预测模型的发展中却受到阻碍（Infoterra, 2007）。源于遥感的陆地生态系统变量能够在模型发展中起到重要作用。

典型的陆生生境变量由树木、灌木或草地物种组成，郁闭度，树木大小分布，死树密度，三维森林结构，林下植被特征，植被结构以及雪和冰盖的发生时间与持续时间（Green et al., 2011）。附录3详细讨论了UAV（无人机）近距离绘制和监测这些变量的优点。然而，它们在陆地环境的应用至今还受到民航当局及成本等条件的限制。鉴于陆地上更加复杂的空域管理，UAV技术更易用于海洋应用（Infoterra, 2007）。

EO应用于土地覆盖产品面临的挑战就是无论变化发生在何时何地都有充足的空间覆盖率和精度，从而在合适的空间分辨率下回答特定生物多样性和环保研究问题。低分辨率的全球土地覆盖图仍存在问题且并非总能产生较好的结果。例如，GLC-2000、

MODIS 与 GlobCover 对农田的覆盖估计相互矛盾，从而为终端用户的应用带来不确定性。在未来克服全球土地覆盖产品所遇到的这些挑战的方法包括加强数据共享和为野外数据的训练、校准和验证做更多的准备（Fritz et al., 2011）。

将土地覆盖转变为生境类型同样是一项挑战，尽管它常被近似当作生境，但二者之间相等的假设本就值得怀疑。然而，以威尔士国家尺度生境制图为例，其已经实现了利用中等分辨率遥感卫星影像直接绘制生境图。该方法基于面向对象的、并将基于规则的分类与多时相、多传感器影像结合，以提供不断更新的特定生境变化的数据。在国家尺度上对生境变化的连续监测不适用于当前静态土地覆盖地图。

土地覆盖不是用于推断生境特性的唯一 EO 变量。诸如物种多样性和物种丰富度的生境变量仅从光谱信息就可以估计得到（Rocchini et al., 2010, 2004）。VCF 和 fCover（见附录 2）变量提供了绘制全球土地覆盖的另一种方法。VCF 产品不是考虑土地覆盖类型之间的离散边界，而是估计木本植被的连续覆盖区域。这是一个对空间土地覆盖梯度变化的更实际的解释（DeFries et al., 1999）。诸如 fCover 和 VCF 产品有成为能定期更新适合的土地覆盖图层的潜力。然而，理解 EO 产品如何在不同尺度间转化已被认为是研究陆地系统的障碍（Infoterra, 2007）。例如，LAI、FAPAR 和 fCover 都证明了变量对尺度的敏感性（Weiss et al., 2000），LAI 是依赖尺度的，而 fCover 不是（Baret et al., 2011）。另外，在全球尺度上根据 Landsat 分辨率产生连续的土地覆盖数据集不易于实现，因为难以获取适合验证的参考数据。运用 LiDAR 测量树高将成为开展地面验证工作的潜在解决方案。

4.1.12 遥感在水生生态系统的特殊限制

用于研究水生生态系统的遥感和空间分析技术不同于陆地生态系统（Strand et al., 2007）。很大程度上是因为水体对太阳光中不同波段的反射率与陆地表面不同，如水体在近红外影像中呈现黑色是由于水体对近红外的辐射能量几乎全部吸收（Campbell, 2006）。

用于海洋环境的卫星传感器的设计和测试均不同于陆地生态系统。例如，诸如 Radarsat-1、Envisat ASAR 和 ALOS PALSAR 的 SAR 系统主要用于海洋应用，例如，溢油监测、沉船探查、绘制浅水区水位图、海面冰监测以及海面状态（Infoterra, 2007）。其他卫星传感器如 NOAA AVHRR 和 METEOSAT 专用于海洋气象学和追踪像飓风一样的极端事件。

基于 EO 监测海洋及水体的两大好处是航天传感器大范围观测影像以及动态监测进程的周期性（Campbell, 2006）。然而，水生环境和更广泛的水循环使得基于 EO 的监测具有独特挑战。例如，海水颜色监测传感器如 SeaWiFS 和 Envisat MERIS 测量细微的颜色变化，而大气干扰很容易削弱该变化。海洋表面高度动态特征如洋流和悬浮沉积物运动无法通过极地卫星传感器测量。为解决这一问题，最近发射了对地静止海洋颜色成像仪（GOCI）以监测短期和区域性海洋现象（He et al., 2013）。

在海洋群落内，EO 数据用于监测生物多样性相对普遍且有一套核心的全球及区域产品满足用户需求（Infoterra, 2007）。这种产品以对许多海洋环境过程正确的科学理解为基础。这促进了许多研究领域的建立，如用遥感的遥测技术监测海洋单个物种（Blumenthal et al., 2006）或控制它们分布的因素，如水华（Burtenshaw et al., 2004）。然而，值得注意的是遥感更常用于热带海洋地区而非温带海洋地区，因为悬浮沉积物较低的水层的可见度更好（Strand et al., 2007）。

环保组织在水生生态环境中列举的关键环境参数有“海洋生物生产力（所有海洋空间分布模型的关键）、海面温度、海洋及淡水水华频率、浮游生物密度、季节性海洋冰盖范围，包括潮间带的沉积物类型、潮间带深度测量（由此测得潮汐持续时间）、潮间带泥滩和沙滩的移动、河流流动体积及季节形态以及自然湿地植被物种辨识”（Green et al., 2011）。

然而，并不是所有的这些变量都能够被卫星传感器监测到。例如，海洋中需要更多的碳储存和碳封存价值数据，这与用于生成陆地碳地图类似（Green et al., 2011）。然而，目前卫星估测与模型估测之间存在很大差异。此外，卫星估测往往有更大的误差范围。例如，在 1997/1998 估计的南大洋碳库量为 −0.08 Gt（C）/α，其误差为 0.03 Gt/α（Rangama et al., 2005），这比同一地区基于野外测量数据和气象资料的估计值小了大约 38%（Takahashi et al., 2002）。这些不确定可由相同地区变量野外测量与遥感测量数据间的弱相关性解释，如用叶绿素 a 估计二氧化碳通量（Chen et al., 2011）。

比起陆地生态系统，我们对海洋生态系统的生境破碎与连接的了解甚少（Strand et al., 2011）。基于 LiDAR 的高分辨率测量技术可以提供局部沿海生境的空间、结构和专题信息（Collin et al., 2012），近海海底生境测量可以通过将舰载声呐设备与 LiDAR 结合实现（Costa et al., 2009）。然而，由于后勤及财政成本的约束，在更广泛尺度上获得同一尺度信息极其困难。因此，不同的遥感平台无法产生可兼容的无缝生境地图，这使得绘制连续的海洋生境无法直接实现。

4.1.13 遥感在潮间带地区的特殊限制

潮间带生境如红树林、海草和盐沼都具有陆地和海洋特性。然而，相比于单纯的陆地或海洋测绘，利用卫星和航空测绘这些生境的方法还不完善（Green et al., 2011），而且选择合适的影像常常受潮汐特性的限制，例如其表面经常被水淹没。沙、泥、碎石等基质的时空变异和动态过程，如沿岸流和潮汐，也使潮间带的地面验证工作难以进行。

因此，选择卫星影像或进行航空调查时，必须综合考虑潮汐特性、云量、植被季节性、调查研究区的时间以及对高分辨率影像的需求（Murphy et al., 2008）。另外，航空调查往往成本昂贵且消耗大，因此，监测不具有普遍性。现场监测技术如潜水调查、水下摄像与声学技术（如声呐）适合于绘制浅海生境，但是在对点测量的插值上存在误差（Dekker et al., 2005）。一个采用多尺度观测的结合了野外和航空测绘嵌套方法，有望成为潮间带高分辨率测绘的未来。

4.2 构建遥感指标的关键性挑战

4.2.1 知识传播与能力构建

在发展中国家，遥感知识传播是一个巨大挑战，因为该领域专业知识主要是存在于西方体系中的。尽管有一些访问限制，但是通过互联网访问遥感领域的知识交流益处是巨大的。第一，获取地理空间数据；第二，提供科学家和实践者的互联网远程互助；第三，基于 EO 的数据集的协调发展，如全民科学计划（Global Marketing Insights, 2009）。

另外，发展中国家很少接触遥感领域相关的商业软件，缺少适合于教育的资源或大学基础教育的问题尤为重要。一些如 ESA 支持的方法促进了南北知识转化，其 EO 项目在该方面拥有很强的能力，并包含了遥感理论基础教育和特殊 EO 产品培训课程。同时，南南合作也将成为提升国家能力的关键。就这一点而言，巴西从 20 世纪 80 年代中期起就已经在拉丁美洲通过 INPE 提供遥感课程。

4.2.2 产品精度

在一些研究专题中EO数据的精度是一个问题，如在土地覆盖制图和土地覆盖变化监测、实地记录已精准定位的地理空间数据和由EO导出的准确的模型输入数据（Infoterra, 2007）。由于EO数据的误差，未校正的数据无法应用于生态应用中（Kerr and Ostrovsky, 2003）。在对包含了NATURA 2000的管理与监控的自然机构的调查中，我们发现基于EO的生境地图的专题精度是衡量该图质量的关键因素（Vanden Borre et al., 2011）。根据关于生物多样性的CEOS（地球观测卫星委员会）社会受益领域，EO数据最大缺点是空间准确度不高和校准精度不够（Leidner et al., 2012）。因此，EO数据的指标发展将被其数据的可靠性所阻碍，除非能采取措施解决输入数据的误差和不确定性。

地理信息系统中从较低水平到高水平趋势的遥感数据的抽象倾向于误差传递与不确定性累积（Gaheganand Ehlers, 2000）。产品精度的挑战可能从两方面解决：一方面是推广产生最小误差的方法（方法的协调将在此扮演关键作用），另一方面是尽可能少地减少处理原始EO数据的步骤（定量化每一转化步骤产生的误差有助于计算整体误差）。若想更确定地使用基于EO的生物多样性指标，则必须说明及强调EO产品的误差和局限性。

4.2.3 长期连续性观测的不确定性

确保地球观测的长期（以年代计）连续性观测是对生物多样性变化感兴趣的用户组织的必然要求。因此，长期连续性观测的不确定性是对越来越多的使用遥感监测生物多样性的关键挑战，并制约了一些组织投资与发展EO项目。如ESA/EC Copernicus Sentinels任务的方案计划在未来几十年（至少25年）保证对地球长期连续性观测将是非常有益的。

4.2.4 EO团体、生物多样性研究者与决策者之间的对话

我们常呼吁遥感团体、生物多样性研究者与决策者之间进行更多的对话。在科学团体内，由于生物多样性相关EO产品的显著增加，地球观测与生物多样性专家之间的谈话在最近几年显著增加。目前，主要不足之处在于缺少与决策者之间的对话。良好的对话会产生许多积极的效果。例如，表达更明确的用户需求、完整地评价影像处理的数据和操作、调整和修正不切实际的期望，以及讨论不同方法的有效花费成本（Kennedy et al., 2009）。

CEOS小组将遥感运用于生物多样性和环保领域就是一项很好的例子，而CEOS工作小组中进行校准与验证的下级小组LPV（陆地产品验证）也是如此。后者的工作任务尤为重要，因为它需要用专家现场收集的野外数据验证EO产品的时空一致性。

5 结论

（1）遥感数据及其衍生的测量结合适当的验证和模型，可以提高对生态过程和人为干扰生物多样性影响的了解，并且显示出填补一系列可以被用来追踪2011—2020年生物多样性战略规划和实现爱知生物多样性目标的指标空白方面展示了巨大潜力。大量的案例展示了这种潜力，遥感和生物多样性专家开始探索这些机遇。然而，应该注意的是，不要过分夸大用遥感监测生物多样性的前景。它并不是适合解决所有问题，尽管遥感对生物多样性监控系统拥有巨大潜力，但是用地面真实的数据验证遥感数据以及利用传统方法总结与评估生物多样性仍然是必要的。

（2）正如本书探讨的一样，未来研究遥感产品的专家还有很多潜在的需要关注的地方。然而，由于人力和财政资源的限制，必须确定研究的先后顺序。作为促进不同利益相关方之间对话的一部分，应该根据终端用户的需求来确定先后顺序。例如长期的土地覆盖变化（LCC）产品是保护区所急需的。目前全球土地覆盖产品分辨率太低，且很少更新，但最近发布的30m全球森林变化产品（Hansen et al., 2013）将会是一个重大的研究进展。随着时间推移，获取具有一致性、可重复性和采取同一个标准化体系进行分类的土地覆盖产品，如土地覆盖分类系统（LCCS），可以满足对这一产品需求。类似于农业扩张的土地覆盖变化已被确定为生物多样性减少的主要驱动力，持续监测土地覆盖变化能够识别发生该现象的地点以及它们可能对现在的全球生物多样性及其未来趋势的影响。通过评价保护区内及其周边的土地覆盖变化来判断保护措施是否成功实施。然而，需要确保产品的空间分辨率和保护单元的范围相匹配。

（3）到目前为止，大量实例证明监测森林覆盖变化在全球土地覆盖变化分析中一直是研究热点。首先，在卫星影像上，森林比农田或城市地区等其他植被类型更容易区分。森林是重要的保护区并且分布全球。监测森林覆盖变化对于碳计算、生物多样性监测和其他类似于非法砍伐的问题均有重要意义。然而，还有解决以上应用相关的偏差。诸如开阔草原、热带草原、泥炭地和湿地的陆地生态系统依然需要被纳入土地覆盖变化研究。它们提供包括碳存储、清洁饮用水、燃料和栖息地等生态系统服务并且它们也是重要的生境。对于生物多样性研究来说，尽管海洋生态系统不像陆地生态系统那样易于监控，但是近海岸和潮间带的生态系统也是同样重要的土地覆盖类型。然而，监测这些土地覆盖类型极具挑战性，因为难以辨别，还需要更多的研究并发展常规的、可靠的监测方法。

（4）遥感产品有助于评价保护措施的实施效果。然而，到目前为止许多工作仅专注于森林保护区。为了扩大遥感实施监测2011—2020年生物多样性战略计划的使用范围，在未来需要研究更多的生境类型和获取更广泛的数据集。

（5）迄今，资料提供者和终端用户之间的交流仍存在不足。缺乏对什么可用，可以做什么和期望什么结果的认识。地球观测团体和来自于生物多样性政策与管理团体的潜在用户之间更紧密的关系有助于加强理解与确定研究的优先顺序，并确保数据产品能更好地满足需求。类似GEO BON的生物多样性信息或是像EU BON（欧洲生物多样性观测网）的区域方法是连接资料提供者和来自于政策与保护管理的用户团体的关键纽带。

（6）一般而言，研究生物多样性监测指

标，尤其是爱知生物多样性目标，会遇到巨大挑战且需要大量数据。许多生物多样性指标需要从不同遥感传感器与非遥感资源中获取数据。很难在需要的时间范围、空间范围和时间分辨率内获得所有的数据。而只要其中一种数据获取受阻都会阻碍指标的研究和发展。因此，必须在所有资料提供者和终端用户中培养富有成效的对话以促进和调整研究的优先顺序。

（7）由遥感衍生的测量和为高级政策制定的指标发展间的联系仍不完善。缺少关于生物多样性群体要求的测量方法和由遥感团体提供的产品的通用标准。另外，在国家和国际尺度上协调的研究方法与数据收集以及工作于不同陆地的研究方法尚未处于执行阶段。生物多样性监测人员设置最低要求和通用标准将会有助于地球观测专家们的努力成果的集中。由 GEO BON 提出的 EBVs 发展方案可以通过提供必要的概念框架建立纽带，并指出由原始遥感数据到高级指标的方法。建立 EBVs 的 GEO BON 团体和研究生物多样性指标联盟 BIP 之间更紧密的合作可以有助于达到该目标。

（8）数据获取上的“瓶颈”对于扩展遥感监测生物多样性来说是一个关键的限制因素。迄今为止，许多航天局和国家机构采用且实施自由开放的数据存储政策以证明越来越多地使用遥感监测生物多样性具有很好的效果，同时还增强了某些案例中的政策执行和法律实施。在资料提供者之间自由开放的数据访问方案应该成为国际趋势，从而支持遥感数据访问的自由化。使所有的纳税人自由、开放地获得遥感影像将会解除这个巨大约束。

（9）然而，自由开放的数据获取政策还无法转化为简单和快速的数据访问。可能的原因有：不友好的数据搜索和订单系统；带宽和因特网限制；或是根据不同用户群以分层方式确定传播数据的优先级别。应该实施协调一致的国际法则以确保易于获取遥感数据，尤其是减少对发展中国家数据访问的限制。

（10）唯有缔约国拥有足够的技术和人力才能加强数据获取的有效性。在航天机构主持的地球观测项目中顺应国际趋势的主要能力建设部分将会扮演重要角色。另外，应该建立更好的机制支持在政府参加航天机构的项目。

（11）通过卫星或是其他遥感平台进行长期（以年代计）持续的地球观测的不确定性对于项目资金来说是个关键的挑战，因为它约束资助者对地球观测项目的投资，从而影响遥感的进一步研究和发展。因此，需要更多保证长期连续对地观测的措施。

（12）政府访问地球观测信息的综合信息常常是很困难的，因为信息分散于不同地方，且由不同的组织、航天机构和国家学术机构掌握并应用于广泛的项目中。因此，对缔约国到 CBD 和其他国际公约以及 MEAs 来说他们需要的是一个独特的参考点，该点可以使他们就生物多样性的地球观测进行商讨（BIP 代表生物多样性指标联盟）。该参考的实质就是充当集中和协调现有信息的中心并且使用户在全球范围内易于获取，这可能成为一个促进遥感数据和生物多样性监测产品使用的关键因素。由于 EO 领域的快速发展，需要不断地向该中心提供大量的最新信息。

6 参考文献

Achleitner D, Gassner H, Luger M, 2012.Comparison of three standardised fish sampling methods in 14alpine lakes in Austria.Fisheries Management and Ecology, 19(4):352-361.

Akamatsu T, Teilmann J, Miller L A, et al., Comparison of echolocation behaviour between coastal and riverine porpoises 2007, Deep Sea Research Part II:Topical Studies in Oceanography 54 (3-4): 290-297.

Akasaka M, Takenaka A, Ishihama F, et al., 2012. Development of a national land-use/cover datasetto estimate biodiversity and ecosystem services in Integrative observations and assessments of Asian biodiversity. (Ecological Research Monographs) (eds. Nakano, S., Nakashizuka, T., and Yahara, T.), Springer Verlag Japan.

Allouche O, et al., 2012. Area-heterogeneity tradeoff and the diversity of ecological communities.Proceedings of the National Academy of Sciences of the United States of America, 109 (43): 17495-17500.

Andrew M, Ustin S, 2008.The role of environmental context in mapping invasive plants with hyperspectralimage data.Remote Sensing of Environment, 112(12):4301-4317.

Antoine D, André J M, Morel A, 1996. Oceanic primary production: Estimation at global scale from satellite(Coastal Zone Color Scanner) chlorophyll. Global Biogeochemical Cycles, 10(1):57-69.

Arino O, Plummer S, Defrenne D, 2005. Fire Disturbance: The Ten Years Time Series of the ATSR World FireAtlas. Proceedings of the MERIS (A)ATSR Workshop 2005 (ESA SP-597). 26 - 30 September 2005 ESRIN.

Arizaga J, et al., 2011. Monitoring communities of small birds: a comparison between mist-netting and counting.Bird Study, 58(3):291-301.

Asner G P, et al., 2010. High-resolution forest carbon stocks and emissions in the Amazon. Proceedings of the National Academy of Sciences of the United States of America, 107 (38): 16738-16742.

Baccini A, Goetz S J, Laporte N, et al., 2011. Reply to Comment on "A first map of tropical Africa's above-ground biomass derived from satellite imagery". Environmental Research Letters 6, 049002.

Baccini A, et al., 2008. A first map of tropical Africa's above-ground biomass derived from satellite imagery. Environmental Research Letters 3, 045011.

Bailey S A, Haines-Young R, Watkins C, 2002. Species presence in fragmented landscapes: modelling of species requirements at the national level. Biological Conservation, 108(3):307-316.

Baker G H, Tann C R, Fitt G P, 2011. A tale of two trapping methods: Helicoverpa spp. (Lepidoptera, Noctuidae) in pheromone and light traps in Australian cotton production systems. Bulletin of entomological research, 101(1): 9-23.

Balch W M, 2005. Calcium carbonate measurements in the surface global ocean based on Moderate-Resolution Imaging Spectroradiometer data. Journal of Geophysical Research, 110(C7).

Baldeck C A, Asner G P, 2013.Estimating Vegetation Beta Diversity from Airborne Imaging Spectroscopy and Unsupervised Clustering. Remote Sensing, 5 (5): 2057-2071.

Banks A C, et al., 2012. A satellite ocean color observation operator system for eutrophication assessment in coastal waters. Journal of Marine Systems, 94:S2-S15.

Baret F, et al., 2013. GEOV1: LAI and FAPAR essential climate variables and FCOVER global time series capitalizing over existing products. Part1: Principles of development and production. Remote Sensing of Environment, 137:299-309.

Baret F, et al., 2007. LAI, fAPAR and fCover CYCLOPES global products derived from VEGETATION. Remote Sensing of Environment, 110(3):275-286.

Baret F, et al., 2011.Towards an Operational GMES Land Monitoring Core Service, BioPar Methods Compendium, LAI, FAPAR and FCOVER from LTDR AVHRR series.

Barlow J, Taylor B L, 2005. "Estimates of Sperm Whale Abundance in the Northeastern Temperate Pacific from a combined acoustic and visual survey" .Publications, Agencies and Staff of the U.S. Department of Commerce.Paper 237.http://digitalcommons.unl.edu/usdeptcommercepub/237.

Benkert M, Gudmundsson J, Hübner F, et al., 2008. Reporting flock patterns, Computational Geometry 41,(3): 111-125.

Bergen K M, Gilboy A M, Brown D G, 2007.Multi-dimensional vegetation structure in modeling avian habitat. Ecological Informatics 2 (1): 9-22.

Bern T I, Wahl T, Anderssen T, et al., 1993. Oil Spill Detection Using satellite Based SAR: Experience froma Field Experiment. Photogrammetric Engineering and Remote Sensing 59:423-428.

Berni J A J, et al., 2009. Mapping canopy conductance and CWSI in olive orchards using high resolution thermal remote sensing imagery.Remote Sensing of Environment, 113(11):2380-2388.

Birk R J, et al., 2003. Government programs for research and operational uses of commercial remote sensing data. Remote Sensing of Environment, 88(1-2):3-16.

Blumenthal J, et al., 2006. Satellite tracking highlights the need for international cooperation in marine turtle management. Endangered Species Research, 2:51-61.

Boersma P D, Parrish J K, 1999. Limiting abuse: marine protected areas, a limited solution. Ecological Economics, 31(2):287-304.

Baldeck, C A, et al., 2013. Soil resources and topography shape local tree community structure in tropical forests.Proceedings of the Royal Society B-Biological Sciences 280(1753).

Braga-Neto R, Magnusson W, Pezzini F, 2013. Biodiversity and Integrated Environmental Monitoring, Santo André, SP, Brasil: Instituto Nacional de Pesquisas da Amazônia (INPA). Áttema Editorial.

Brewin R J W, et al., 2011.An intercomparison of bio-optical techniques for detecting dominant phytoplankton size class from satellite remote sensing.Remote Sensing of Environment, 115(2):325-339.

Burrage D M, 2002. Evolution and dynamics of tropical river plumes in the Great Barrier Reef: An integrated remote sensing and in situ study. Journal of Geophysical Research, 107(C12):8016.

Burtenshaw J C, et al., 2004. Acoustic and satellite remote sensing of blue whale seasonality and habitat in the Northeast Pacific. Deep Sea Research Part II: Topical Studies in Oceanography, 51(10-11):967-986.

Butterfield H S, Malmström C M, 2009.The effects of phenology on indirect measures of aboveground biomass in annual grasses.International Journal of Remote Sensing, 30(12):3133–3146.

Cairns M A, et al., 1997. Root biomass allocation in the world's upland forests. Ecologia, 111(1):1-11.

Campbell J B, 1996. Introduction to Remote Sensing, Fourth Edition.Taylor and Francis.

Campbell J B, Wynne R H, 2006.Introduction to Remote Sensing.4th edition, The Guilford Press.

Cardillo M, Macdonald D W, Rushton S P, 1999. Predicting mammal species richness and distributions: testing the effectiveness of satellite-derived land cover data. Landscape Ecology, 14(5): 423-435.

Chawla P K Y, 2012. Long-term ecological and biodiversity monitoring in the western Himalaya using satellite remote sensing. Current Science, 102(8): 1143-1156.

Chen L, et al., 2011. Estimation of monthly air-sea CO_2 flux in the southern Atlantic and Indian Ocean using in-

situ and remotely sensed data. Remote Sensing of Environment, 115(8):1935-1941.
Clark M, Roberts D, Clark D, 2005. Hyperspectral discrimination of tropical rain forest tree species at leaf to crown scales. Remote Sensing of Environment, 96(3-4).375-398.
Clawges R, Vierling K, Vierling L, et al. 2008.The use of airborne lidar to assess avian species diversity, density, and occurrence in a pine/aspen forest. Remote Sensing of Environment, 112 (5): 2064-2073.
Cleland E E, et al., 2007. Shifting plant phenology in response to global change. Trends in Ecology & Evolution, 22 (7): 357-365.
Collen B, et al., 2013a. Biodiversity Monitoring and Conservation, Oxford, UK: Wiley-Blackwell.
Collen B, et al., 2013b. Biodiversity Monitoring and Conservation: Bridging the Gap Between Global Commitment and Local Action (Conservation Science and Practice), Wiley-Blackwell.
Collin A, Long B, Archambault P, 2012.Merging land-marine realms: Spatial patterns of seamless coastal habitats using a multispectral LiDAR.Remote Sensing of Environment, 123:390-399.
Coops N C, et al., 2008.The development of a Canadian dynamic habitat index using multi-temporal satellite estimates of canopy light absorbance.Ecological Indicators. 8: 754-766.
Coops N C, Wulder M A, Iwanicka D, 2009. Development of A Satellite-Based Methodology To Monitor Habitat at a Continental-Scale. Ecological Indicators: 9: 948-958.
Corbane C et al., 2010. A complete processing chain for ship detection using optical satellite imagery. International Journal of Remote Sensing, 31(22):5837-5854.
Costa B M, Battista T A, Pittman S J, 2009.Comparative evaluation of airborne LiDAR and ship-based multibeam SoNAR bathymetry and intensity for mapping coral reef ecosystems.Remote Sensing of Environment, 113(5):1082-1100.
DeFries R, et al., 2005.Increasing isolation of protected areas in tropical forests over the past twenty years. Ecological Applications, 15(1):19-26.
DeFries R S, Townshend J R G, Hansen M C, 1999. Continuous fields of vegetation characteristics at the global scale at 1-km resolution. Journal of Geophysical Research, 104(D14):16911-16923.
Dekker A G, Brando V E, Anstee J M, 2005. Retrospective seagrass change detection in a shallow coastal tidal Australian lake. Remote Sensing of Environment, 97(4):415-433.
Doney S C, et al., 2009. Ocean acidification : a critical emerging problem for the ocean sciences. Oceanography, 22(4):16-25.
Dong J, et al., 2003. Remote sensing estimates of boreal and temperate forest woody biomass: carbon pools, sources,and sinks. USDA Forest Service.UNL Faculty Publications:43.
Dozier J, 1981. A method for satellite identification of surface temperature fields of subpixel resolution. RemoteSensing of Environment, 11:221-229.
Driver A, et al., 2011.An assessment of South Africa's biodiversity and ecosystems. National Biodiversity Assessment.South African National Biodiversity Institute and Department of Environmental Affairs, Pretoria.
Druon J N, 2010. Habitat mapping of the Atlantic bluefin tuna derived from satellite data: Its potential as a tool for the sustainable management of pelagic fisheries. Marine Policy, 34(2):293-297.
Dubois G, et al., 2011.On the contribution of remote sensing to DOPA, a Digital Observatory for Protected Areas. In: "Proceedings of the 34th International Symposium on Remote Sensing of Environment" , April 10-15, 2011, Sydney, Australia.
Dubuis A, et al., 2011.Predicting spatial patterns of plant species richness: a comparison of direct macroecological and species stacking modelling approaches.Diversity and Distributions, 17(6):1122-

1131.

Dunford R, et al., 2009. Potential and constraints of Unmanned Aerial Vehicle technology for the characterization of Mediterranean riparian forest.International Journal of Remote Sensing, 30(19):4915-4935.

Dunn E, Ralph C J, 2004. Use of mist nets as a tool for bird population monitoring, Studies in Avian Biology, 29:1-6.

Duro D C, et al., 2007. Development of a large area biodiversity monitoring system driven by remote sensing. Progress in Physical Geography, 31(3):235-260.

Eiss M W, et al., 2000.Investigation of a model inversion technique to estimate canopy biophysical variables from spectral and directional reflectance data, 20:3-22.

Elvidge C D, et al., Mapping city lights with nighttime data from the DMSP Operational Linescan System. Photogrammetric engineering and remote sensing, 63(6):727-734.

Engelhardt F R, 1999. Remote Sensing for Oil Spill Detection and Response. Pure and Applied Chemistry, 71(1):103-111.

Fabry V J, et al., 2008. Impacts of ocean acidification on marine fauna and ecosystem processes.ICES Journal of Marine Science, 65(3):414-432.

Fritz S, et al., 2011. Highlighting continued uncertainty in global land cover maps for the user community. Environmental Research Letters, 6(4):6. doi: 10.1088/1748-9326/6/4/044005.

Fretwell P T, Trathan P N, 2009. Penguins from space: faecal stains reveal the location of emperor penguin colonies. Global Ecology and Biogeography, 18(5), 543–552. doi:10.1111/j.1466-8238.2009.00467.x.

Fretwell P T, et al., 2012. An Emperor Penguin Population Estimate: the first global, synoptic survey of a species from space. PLoS ONE 7 (4):e33751. doi: 10.1371/journal.pone.0033751.

Fuller D O, 2005. Remote detection of invasive Melaleuca trees (Melaleuca quinquenervia) in South Florida with multispectral IKONOS imagery. International Journal of Remote Sensing, 26(5):1057-1063.

Fuller D O, 2006. Tropical forest monitoring and remote sensing: A new era of transparency in forest governance? Singapore Journal of Tropical Geography, 27(1):15-29.

Gahegan M, Ehlers M, 2000.A framework for the modelling of uncertainty between remote sensing and geographic information systems.ISPRS Journal of Photogrammetry and Remote Sensing, 55(3):176-188.

GEO BON, 2011. Adequacy of Biodiversity Observation Systems to support the CBD 2020 Targets. Pretoria, South Africa.

Gledhill D K, Wanninkhof R, Eakin C M, 2009.Observing Ocean Acidification from Space. Oceanography, 22(4):48-59.

Gobron N, et al., 2006. Monitoring the photosynthetic activity of vegetation from remote sensing data. Advances in Space Research, 38(10): 2196-2202.

Goetz S, Steinberg D, Dubayah R, et al., 2007.Laser remote sensing of canopy habitat heterogeneity as a predictor of bird species richness in an eastern temperate forest, USA. Remote Sensing of Environment 108 (3): 254-263.

Goward S N, et al., 2003. Acquisition of Earth Science Remote Sensing Observations from Commercial Sources: Lessons Learned from the Space Imaging IKONOS Example. Remote sensing of environment, 88(2):209-219.

Green R E, et al., 2011. What do conservation practitioners want from remote sensing? Cambridge Conservation Initiative Report, Cambridge, UK.

Groombridge B, Jenkins M D, 2002. World Atlas of Biodiversity: Earth's Living Resources in the 21st Century, University of California Press.

Guildford J, Palmer M, 2008. Mulitple Applications of Bathymmetric Lidar.Proceedings of the Canadian Hydrographic Conference and National Surveyors Conference 2008.
Haines-Young R, et al., Modelling natural capital: The case of landscape restoration on the South Downs, England [An article from: Landscape and Urban Planning], Elsevier.
Hansen M C, et al., 2003. Global Percent Tree Cover at a Spatial Resolution of 500 Meters: First Results of the MODIS Vegetation Continuous Fields Algorithm. Earth Interactions, 7(10):1-15.
Hansen M C, Loveland T R, 2012.A review of large area monitoring of land cover change using Landsat data. Remote Sensing of Environment, 122: 66-74.
Hansen M C, et al., 2013. High-resolution global maps of 21st -century forest cover change. Science, 342 (6160): 850-853.
He K S, et al., 2011.Benefits of hyperspectral remote sensing for tracking plant invasions.Diversity and Distributions, 17(3): 381-392.
He X, et al., 2013.Using geostationary satellite ocean color data to map the diurnal dynamics of suspended particulate matter in coastal waters.Remote Sensing of Environment, 133: 225-239.
Hestir E L, et al., 2008. Identification of invasive vegetation using hyperspectral remote sensing in the California Delta ecosystem.Remote Sensing of Environment, 112(11): 4034-4047.
Hilgerloh G, Siemoneit H, 1999. A simple mathematical model upon the effect of predation by birds on a blue mussel (Mytilus edulis) population. Ecological Modelling 124(2-3): 175-182.
Hill D, et al., 2005. Handbook of Biodiversity Methods: Survey, Evaluation and Monitoring, Cambridge University Press.
Holmes K R, et al., 2013. Biodiversity indicators show climate change will alter vegetation in parks and protected areas. Diversity 5(2): 352-353. doi: http://dx.doi.org/10.3390/d5020352.
Huete A, et al., 2002. Overview of the radiometric and biophysical performance of the MODIS vegetation indices.Remote Sensing of Environment, 83(1-2):195-213.
Hyrenbach K D, et al., 2007. Community structure across a large-scale ocean productivity gradient: Marine bird assemblages of the Southern Indian Ocean. Deep Sea Research Part I: Oceanographic Research Papers, 54(7):1129-1145.
Infoterra. Development of "Land" Earth Observation Requirements as Input to the Defra Earth Observation Strategy - Final Report. 2007,10.
Integrated Ocean Observing System (IOOS), 2013. Available at: http://www. ioos.noaa. gov/observing/animal_telemetry/ [Accessed August 23, 2013].
IPCC, 2007: Summary for Policymakers. In: Climate Change 2007: The Physical Science Basis. Contribution of Working Group I to the Fourth Assessment Report of the Intergovernmental Panel on Climate Change. CambridgeUniversity Press, Cambridge, United Kingdom and New York, NY, USA.
Joint WMO-IOC Technical Commission for Oceanography and Marine Meteorology (JCOMM). Available at:http://www.wmo.int/pages/prog/amp/mmop/jcomm_partnership_en.html [Accessed 2013,8,13].
Johnson C R, et al., 2011. Climate change cascades: Shifts in oceanography, species' ranges and subtidal marine community dynamics in eastern Tasmania. Journal of Experimental Marine Biology and Ecology, 400(1-2): 17–32.
Jones D A, et al., 2009. Monitoring land use and cover around parks: A conceptual approach. Remote Sensing of Environment, 113(7): 1346-1356.
Jürgens N, et al., 2012. The BIOTA Biodiversity Observatories in Africa--a standardized framework for large-scale environmental monitoring. Environmental monitoring and assessment, 184(2): 655-678.

Kachelriess D, et al., 2014.The application of remote sensing for marine protected area management.Ecological Indicators, 36: 169-177.

Kalko E K V, et al., 2008. Flying high--assessing the use of the aerosphere by bats. Integrative and comparative biology, 48(1): 60-73.

Kalma J D, McVicar T R, McCabe M F, 2008. Estimating Land Surface Evaporation: A Review of Methods Using Remotely Sensed Surface Temperature Data. Surveys in Geophysics 29: 421-469.

Kennedy R E, et al., 2009. Remote sensing change detection tools for natural resource managers: Understanding concepts and tradeoffs in the design of landscape monitoring projects. Remote Sensing of Environment, 113(7): 1382-1396.

Kerr J T, Ostrovsky M, 2003. From space to species: ecological applications for remote sensing. Trends in Ecology & Evolution, 18(6): 299-305.

Klemas V, 2011. Remote Sensing Techniques for Studying Coastal Ecosystems: An Overview. Journal of Coastal Research, 27: 2-17.

Kokaly R F, et al., 2007. Characterization of post-fire surface cover, soils, and burn severity at the Cerro Grande Fire, New Mexico, using hyperspectral and multispectral remote sensing.Remote Sensing of Environment, 106 (3): 305-325.

Krishnaswamy J, et al., 2009. Quantifying and mapping biodiversity and ecosystem services: Utility of a multi-season NDVI based Mahalanobis distance surrogate. Remote Sensing of Environment, 113(4): 857-867.

Kunkel K E, 2004. Temporal variations in frost-free season in the United States: 1895–2000. Geophysical Research Letters, 31(3): L03201.

Langdon C, et al., 2000. Effect of calcium carbonate saturation state on the calcification rate of an experimental coral reef.Global Biogeochemical Cycles, 14(2): 639–654.

Lapointe N W R, Corkum L D, Mandrak N E, 2006.A Comparison of Methods for Sampling Fish Diversity in Shallow Offshore Waters of Large Rivers.North American Journal of Fisheries Management, 26(3): 503-513.

Larsen R J, et al., 2007. Mist netting bias, species accumulation curves, and the rediscovery of two bats on Montserrat (Lesser Antilles).Acta Chiropterologica, 9(2): 423-435.

Laurance W F, et al., 2012. Averting biodiversity collapse in tropical forest protected areas. Nature, 489(7415): 290-294.

Le Toan T, et al., 2011. The BIOMASS mission: Mapping global forest biomass to better understand the terrestrial carbon cycle. Remote Sensing of Environment, 115(11): 2850-2860.

Leidner A, et al., 2012. Satellite Remote Sensing for Biodiversity Research and Conservation Applications: A Committee on Earth Observation Satellites (CEOS) Workshop. German Aerospace Center (DLR-EOC).

Leifer I, et al., 2012. State of the art satellite and airborne marine oil spill remote sensing: Application to the BP Deepwater Horizon oil spill. Remote Sensing of Environment, 124: 185-209.

Lengyel S,et al., 2008. Habitat monitoring in Europe: a description of current practices. Biodiversity and Conservation 17: 3327-3339.

Liechti F, Hedenström A, Alerstam T, 1994. Effects of Sidewinds on Optimal Flight Speed of Birds, Journal of Theoretical Biology 170 (2): 219-225.

Lillesand T, Kiefer R W, Chipman J, 2008. Remote Sensing and Image Interpretation. John Wiley and Sons,New York: 763.

Linkie M, et al., 2013. Cryptic mammals caught on camera: Assessing the utility of range wide camera trap data for conserving the endangered Asian tapir. Biological Conservation 162: 107-115.

Liu S, Liu R, Liu Y, 2010.Spatial and temporal variation of global LAI during 1981—2006.Journal of Geographical Sciences: 323-332.

Löffler E, Margules C, 1980. Wombats detected from Space. Remote sensing of environment 9. 47-56.

Lucas R, et al., 2008. Classification of Australian forest communities using aerial photography, CASI and HyMap data.Remote Sensing of Environment, 112(5):2088-2103.

Lucas R, et al., 2011. Updating the Phase 1 habitat map of Wales, UK, using satellite sensor data.ISPRS Journal of Photogrammetry and Remote Sensing, 66(1):81-102.

Lumenistics, 2014. Available at: http://lumenistics.com/what-is-full-spectrum-lighting/ [Accessed January 17, 2014].Malthus, T.J. & Mumby, P.J., 2003. Remote sensing of the coastal zone: An overview and priorities for future research. International Journal of Remote Sensing, 24(13):2805-2815.

Margaret Kalacska G, Arturo Sanchez-Azofeifa, 2008. Hyperspectral rmote sensing of tropical and sub-tropical forests.CRC Press: 352.

Mazerolle M J, et al., 2007. Making Great Leaps Forward : Accounting for Detectability in Herpetological Field Studies. Journal of herpetology, 41(4): 672-689.

McCallum I, et al., 2009. Satellite-based terrestrial production efficiency modeling. Carbon balance and management,4: 8.

McNair G, 2010. Coastal Zone Mapping with Airborne Lidar Bathymetry.Masters Thesis.Department of Mathematical Sciences and Technology, Norwegian University of Life Sciences, Ås, Norway.

Mellinger D K, Clark C W, 2006. MobySound: A reference archive for studying automatic recognition ofmarine mammal sounds, Applied Acoustics 67 (11-12): 1226-1242.

Metzger M J, et al., 2006. The vulnerability of ecosystem services to land use change. Agriculture, Ecosystems &Environment, 114(1): 69-85.

Migliavacca M, et al., 2011.Using digital repeat photography and eddy covariance data to model grassland phenology and photosynthetic CO_2 uptake.Agricultural and Forest Meteorology, 151(10): 1325-1337.

Movebank, 2013.Movebank for Animal Tracking data. Available at: https://www.movebank.org/ [Accessed 2013,8,9].

Mucina L, Rutherford M C, Powrie L W, 2006. Strelitzia 19: Vegetation of South Africa,Lesotho & Swaziland (2 CD set). SANBI. Available at: http://www.sanbi.org/documents/strelitzia-19-vegetation-south-africa-lesotho-swaziland-2-cd-set.

Mulligan M, 2006. Global Gridded 1km TRMM Rainfall Climatology and Derivatives.Version 1.0. Database:http://www.ambiotek.com/1kmrainfall.

Muraoka H, Koizumi H, 2009. "Satellite Ecology" for linking ecology, remote sensing and micrometeorology from plot to regional scales for ecosystem structure and function study. Journal of Plant Research, 122:3-20.

Muraoka H, Ishii R, Nagai S, et al. 2012. Linking remote sensing and in situ ecosystem/biodiversity observations by "Satellite Ecology" . In: Shin-ichi Nakano et al. (eds.), The biodiversity observation network in the Asia-Pacific region: toward further development of monitoring, Ecological Research Monographs, Springer Japan. DOI 10.1007/978-4-431-54032-8_21.

Murphy R J, et al., 2008. Field-based remote-sensing for experimental intertidal ecology: Case studies using hyperspatial and hyperspectral data for New South Wales (Australia). Remote Sensing of Environment, 112(8):3353-3365.

Myeong S, Nowak D J, Duggin M J, 2006.A temporal analysis of urban forest carbon storage using remote sensing. Remote Sensing of Environment 101: 277-282.

Myneni R B, Hoffman S, Knyazikhin Y, et al., 2002. Global products of vegetation leaf area and fraction absorbed PAR from year one of MODIS data, Remote Sensing of Environment 83(1–2): 214-231.

Myneni R B, et al., 2002. Global Products of Vegetation Leaf Area and Fraction Absorbed Par from Year One of Modis Data. NASA Publications:39.

Nagai S, et al., 2013.Utility of information in photographs taken upwards from the floor of closed-canopy deciduous broadleaved and closed-canopy evergreen coniferous forests for continuous observation of canopy phenology.Ecological Informatics, 18:10-19.

Nagendra H, et al., 2013. Remote sensing for conservation monitoring: Assessing protected areas, habitat extent, habitat condition, species diversity, and threats. Ecological Indicators, 33: 45-59.

Nagendra H, 2001. Using remote sensing to assess biodiversity.International Journal of Remote Sensing, 22(12): 2377-2400.

Nagendra H, Rocchini D, 2008. High resolution satellite imagery for tropical biodiversity studies: the devil is in the detail. Biodiversity and Conservation, 17(14): 3431-3442.

Nishida K, 2007. Phenological Eyes Network (PEN)- A validation network for remote sensing of the terrestrial ecosystems. AsiaFlux Newsletter 21:9-13 (available online at http://www.asiaflux.net/newsletter.html).

OAPS, 2013. Ocean Acidification Product Suite (OAPS) (Version 0.6) (Experimental Product, Monthly Update).Available at: http://coralreefwatch.noaa.gov/satellite/oa/index.php.[Accessed 2013,8,23].

Oindo B O, Skidmore A K, 2002. Interannual variability of NDVI and species richness in Kenya. International Journal of Remote Sensing 23: 285-298.

Oney B, Shapiro A, Wegmann M, 2011.Evolution of water quality around the Island of Borneo during the last 8-years.Procedia Environmental Sciences, 7: 200-205.

Paarmann W, Stork N E, 1987.Canopy fogging, a method of collecting living insects for investigations of life history strategies.Journal of Natural History, 21(3): 563-566.

Patenaude G, et al., 2004. Quantifying forest above ground carbon content using LiDAR remote sensing. Remote Sensing of Environment, 93(3): 368-380.

Pereira H M, et al., 2013. Ecology.Essential biodiversity variables.Science (New York, N.Y.), 339(6117): 277-278.

Petersen S L, et al., 2008. Albatross overlap with fisheries in the Benguela Upwelling System: implications for conservation and management. Endangered Species Research, 5: 117-127.

Phoenix G K, et al., 2006. Atmospheric nitrogen deposition in world biodiversity hotspots: the need for a greaterglobal perspective in assessing N deposition impacts. Global Change Biology, 12(3): 470-476.

Pinty B, Verstraete M M, 1992. GEMI: a non-linear index to monitor global vegetation from satellites. Vegetatio,101(1): 15-20.

Powers R P, et al., 2013. Integrating accessibility and intactness into large-area conservation planning in the Canadian boreal. Biological Conservation (in press).

Purkis S, Klemas V, 2011.Remote Sensing and Global Environmental Change.Wiley-Blackwell.384p. Purves, D. et al., 2013. Ecosystems: Time to model all life on Earth. Nature, 493(7432): 295-297.

Queiroz N, et al., 2012. Spatial dynamics and expanded vertical niche of blue sharks in oceanographic fronts reveal habitat targets for conservation. Y. Ropert-Coudert, ed. PloS one, 7(2): e32374. doi: 10.1371/journal.pone.0032374.

Raes N, et al., 2009. Botanical Richness and endemicity patterns of Borneo derived from species distributionmodels.Ecography 32(1): 180-192.

Ramsey III E, et al., 2005. Mapping the invasive species, Chinese tallow, with EO1 satellite Hyperion hyperspectral image data and relating tallow occurrences to a classified Landsat Thematic Mapper land cover map. International Journal of Remote Sensing, 26(8): 1637-1657.

Rangama Y, 2005. Variability of the net air–sea CO_2 flux inferred from shipboard and satellite measurements in the Southern Ocean south of Tasmania and New Zealand. Journal of Geophysical Research, 110(C9): C09005. doi:10.1029/2004JC002619.

Ribeiro-Júnior M A, Gardner T A, Ávila-Pires T C, 2008.Evaluating the Effectiveness of Herpetofaunal Sampling Techniques across a Gradient of Habitat Change in a Tropical Forest Landscape.Journal of Herpetology, 42(4): 733.

Rocchini D, et al., 2010. Remotely sensed spectral heterogeneity as a proxy of species diversity: Recent advances and open challenges.Ecological Informatics, 5(5): 318-329.

Rocchini D, Chiarucci A, Loiselle, S A, 2004.Testing the spectral variation hypothesis by using satellite multispectral images.Acta Oecologica, 26(2): 117-120.

Rodell M, Velicogna I, Famiglietti J S, 2009.Satellite-based estimates of groundwater depletion in India.Nature, 460(7258): 999–1002. Available at: http://dx.doi.org/10.1038/nature08238.

Rohmann, S O, Monaco M E, 2005. Mapping southern Florida's shallow water coral ecosystems: and implementation plan, NOAA Technical Memorandum NOS NCCOS 19, NOAA/NOS/NCCOS/CCMA, Silver Spring, MD: 39.

Rowlands G, et al., 2012.Satellite imaging coral reef resilience at regional scale.A case-study from Saudi Arabia. Marine pollution bulletin, 64(6): 1222-1237.

Roy D P, et al., 2010. Accessing free Landsat data via the Internet: Africa's challenge.Remote Sensing Letters, 1(2): 111-117.

Roy D P, et al., 2005. Prototyping a global algorithm for systematic fire-affected area mapping using MODIS time series data.Remote Sensing of Environment, 97(2): 137-162.

Roy P S, Saran S., 2004.Biodiversity Information System for North East India. Geocarto International, 19(3):73-80.

Ruesch A S, Gibbs H, 2008. New IPCC Tier-1 Global Biomass Carbon Map for the Year 2000.Available online from the Carbon Dioxide Information Analysis Center [http://cdiac.ornl.gov/], Oak Ridge National Laboratory's Carbon Dioxide Information Analysis Center, Tennessee, USA.

Ruth J M, 2007. Applying radar technology to migratory bird conservation and management: strengthening and expanding a collaborative: U.S. Geological Survey Open-File Report 2007-1361: 86.

Ruth J M, Barrow W C, Sojda R S, et al., 2005, Advancing migratory bird conservation and management by using radar: An interagency collaboration:U.S. Geological Survey, Biological Resources Discipline, Open-File Report 2005-1173: 12.

Saatchi S S, et al., 2011. Benchmark map of forest carbon stocks in tropical regions across three continents. Proceedings of the National Academy of Sciences of the United States of America, 108(24): 899-904.

Saatchi S S, et al., 2007. Distribution of aboveground live biomass in the Amazon basin.*Global Change Biology*, 13(4): 816-837.

Sam J Purkis, Victor V Klemas, 2011. Remote Sensing and Global Environmental Change. 384p. Wiley-Blackwell.

Sausen T M, 2000. Space education in developing countries in the information era, regional reality and new educational material tendencies: example, South America. ISPRS Journal of Photogrammetry and Remote Sensing, 55(2): 129-135.

Scales K L, et al., 2011. Insights into habitat utilisation of the hawksbill turtle, Eretmochelys imbricata

(Linnaeus, 1766), using acoustic telemetry. Journal of Experimental Marine Biology and Ecology, 407(1): 122-129.

Scholes R J, et al., 2012.Building a global observing system for biodiversity.Current Opinion in Environmental Sustainability, 4(1): 139-146.

Schubert P, et al., 2010. Estimating northern peatland CO_2 exchange from MODIS time series data.Remote Sensing of Environment, 114(6): 1178-1189.

Scott J M, Jennings M D,1998. Large-Area Mapping Of Biodiversity. Annals of the Missouri Botanical Garden, 85(1): 34-47.

Sequeira A, et al., 2012. Ocean-scale prediction of whale shark distribution. Diversity and Distributions, 18(5): 504-518.

Sewell D, et al., 2012. When is a species declining? Optimizing survey effort to detect population changes in reptiles. B. Fenton, ed. PloS one, 7(8): e43387.

Sexton J O, et al., 2013. Global, 30-m resolution continuous fields of tree cover: Landsat-based rescaling of MODIS vegetation continuous fields with lidar-based estimates of error. International Journal of Digital Earth, 6(5):1-22.

Siliang L, Ronggao L, Yang L. 2010. Spatial and temporal variation of global LAI during 1981—2006. Journal of Geographical Sciences 20 (3): 323-332.

Sonnentag O, et al., 2012. Digital repeat photography for phenological research in forest ecosystems. Agricultural and Forest Meteorology, 152: 159-177.

Stagakis S, et al., 2012. Monitoring water stress and fruit quality in an orange orchard under regulated deficit irrigation using narrow-band structural and physiological remote sensing indices. ISPRS Journal of Photogrammetry and Remote Sensing, 71: 47-61.

Strand H, et al., 2007. Sourcebook on Remote Sensing and Biodiversity Indicators.Convention on Biological Diversity Technical Series 32, CBD. Montreal, Canada.

Sung Y H, Karraker N E, Hau C H, 2011. Evaluation of The Effectiveness of Three Survey Mehtods For Sampling Terrestrial Herpetofauna in South China., 6(7): 479-489.

Sutton P C, Costanza R, 2002. Global estimates of market and non-market values derived from nighttime satellite imagery, land cover, and ecosystem service valuation. Ecological Economics, 41(3): 509-527.

Swatantran A, Dubayah R, Roberts D, et al., 2011. Mapping biomass and stress in the Sierra Nevada using lidar and hyperspectral data fusion. *Remote Sensing of Environment* 115 (11 -15): 2917-2930.

Swetnam R D, et al., Lewis, 2011. Mapping socio-economic scenarios of land cover change: A GIS method to enable ecosystem service modelling, *Journal of Environmental Management* 92 (3): 563-574.

Szantoi Z, et al., 2013. Wetland Composition Analysis Using Very High Resolution Images and Texture Features. International Journal of Applied Earth Observation and Geoinformation 23(8): 204-212.

Takahashi T, et al., 2002. Global sea–air CO_2 flux based on climatological surface ocean pCO_2, and seasonal biological and temperature effects. Deep Sea Research Part II: Topical Studies in Oceanography, 49(9-10): 1601-1622.

Thackeray S J, et al., 2010. Trophic level asynchrony in rates of phenological change for marine, freshwater and terrestrial environments.Global Change Biology, 16(12): 3304-3313.

Tropical Rainfall Measuring MIssion (TRMM), 2013.Available at http://trmm.gsfc.nasa.gov/ [Accessed September 5, 2013]. Last Updated September 3, 2013.

Tynan C T, et al., 2005. Cetacean distributions relative to ocean processes in the northern California Current System. Deep Sea Research Part II: Topical Studies in Oceanography, 52(1-2): 145-167.

Tucker C J, 1980. Remote sensing of leaf water content in the near infrared.*Remote Sensing of Environment* 10 (1): 23-32.

USGS, 2008.2008-2018 USGS Africa Remote Sensing Study, Aerial and Spaceborne Ten Year Trends. Available at: http://www.globalinsights.com/USGS2008AfricaRSS.pdf [Accessed 2013,8,19].

Van Parijs S M, Smith J, Corkeron P J, 2002. "Using calls to estimate the abundance of inshore dolphins: A case study with Pacific humpback dolphins Sousa chinensis," J. Appl. Ecol. 39, 853-864.

Vanden Borre J, et al., 2011. Integrating remote sensing in Natura 2000 habitat monitoring: Prospects on the way forward. Journal for Nature Conservation, 19(2): 116-125.

Velasco M, 2009. A quickbird's-eye view on marmot. MSc Thesis, ITC, Enschede, The Netherlands: 51.

Verbesselt J, Zeileis A, Herold M, 2012. Near real-time disturbance detection using satellite image time series, Remote Sensing of Environment 123: 98-108.

Watts A C, et al., 2010. Small unmanned aircraft systems for low-altitude aerial surveys. Journal of Wildlife Management 74(7): 1614-1619.

Weiss M M, Baret F, Myneni, et al., 2000. Investigation of a model inversion technique for the estimation of crop characteristics from spectral and directional reflectance data. Agronomie 20: 3-22.

Wingfield D K, et al., 2011. The making of a productivity hotspot in the coastal ocean. A. Chiaradia, ed. PloS one, 6(11): e27874.

Yamano H, Tamura M, 2004. Detection limits of coral reef bleaching by satellite remote sensing: Simulation and data analysis. Remote Sensing of Environment, 90(1): 86-103.

Yang Z, 2012.Evaluating high resolution GeoEye-1 Satellite imagery for mapping wildlife in open savannahs. MSc Thesis, ITC, Enschede, The Netherlands: 61.

Yanoviak S P, Nadkarni N M, Gering J C, 2003. Arthropods in epiphytes: a diversity component that is not effectively sampled by canopy fogging. Biodiversity & Conservation, 12(4):731-741.

Zarco-Tejada P J, Gonzalez-Dugo V, Berni J A J, 2012. Fluorescence, temperature and narrow-band indices acquired from a UAV platform for water stress detection using a micro-hyperspectral imager and a thermal camera. Remote Sensing of Environment, 117: 322-337.

Zhang J, et al., 2006. Intra- and inter-class spectral variability of tropical tree species at La Selva, Costa Rica: Implications for species identification using HYDICE imagery. *Remote Sensing of Environment*, 105(2): 129-141.

Zhang Y H, et al., 2003. Monthly burned area and forest fire carbon emission estimates for the Russian Federation from SPOT VGT. Remote Sensing of Environment, 87(1): 1-15.

首字母缩写列表

ALOS 先进的陆地观测卫星
APEX 机载成像光谱仪
APRSAF 亚太地区空间机构论坛
ASAR 先进的合成孔径雷达
ASTER 高级星载热发射和反射辐射仪
ATSR 沿轨道扫描辐射计
AVHRR 先进型高分辨率辐射仪
AVIRIS 机载可见光/红外成像光谱仪
AWFI 先进的宽视场成像仪
BIP 生物多样性指标合作关系
CBD 生物多样性公约
CBERS 中巴地球资源卫星
CCRS 加拿大遥感中心
CDOM 有色溶解有机物
CDR 气候数据记录
CEOS 地球观测卫星委员会
CHRIS 紧凑型高分辨率成像光谱仪
CNES 法国国家航天局
CORINE 环境信息的协调
CSIRO 联邦科学与工业研究组织
DAAC 分布式数据中心群
Defra 英国环境、食品和农村事务部
DEM 数字高程模型
DETER 近实时监测森林砍伐
DGVM 全球植被动态模型
DHI 动态环境指数
DLR 德国航空航天中心
DMP 干物质生产率
DOPA 数字化自然保护区观测站
EBV 基本生物多样性变量
ECV 基本气候变量
EEA 欧洲环境局
Envisat 环境卫星
EO 地球观测
EPS 欧盟极地气象卫星系统
EROS 地球资源观测和科学
ESA 欧洲航天局
ESI 环境灵敏指数
EU BON 欧洲生物多样性观测网
EVI 增强型植被指数
FAPAR 光合有效辐射吸收比例
FAO 粮食及农业组织
fCover 绿色植被覆盖率
fPAR 光合有效辐射比例
FOEN 瑞士联邦环境局
GEO BON 全球生物多样性观测网络
GFW 全球森林监视
GIS 地理信息系统
GLC 全球土地覆盖
GLCF 全球土地覆盖数据库
GMES 地球环境与安全监测
GOCI 对地静止海洋颜色成像仪
GOSAT 温室气体观测卫星
GPS 全球定位系统
GRACE 重力量测及气候监控卫星
HyMAP 机载高光谱成像仪
INPE 巴西国家空间研究机构
ICARUS 利用空间动物研究的国际合作
IOC 政府间海洋学委员会
IOOS 综合海洋观测系统
IPBES 政府间生态多样性和生态系统服务平台
IRS 印度遥感卫星
ISRO 印度太空研究组织
JAXA 日本宇宙航空研究开发机构
JRC 联合研究中心
J-BON 日本生物多样性观测网
LAI 叶面积指数
LCCS 土地覆盖分类系统
LEDAPS 陆地生态系统干扰自适应处理系统

LiDAR　激光雷达

LPV　陆地产品验证

MAPSAR　多应用功能合成孔径雷达

MEA　多边环境协议

MERIS　中等分辨率成像光谱仪

MISE　多角度成像光谱仪

MLS　微波临边探测仪

MODIS　中等分辨率成像光谱仪

MOPITT　对流层污染测量仪

MWIR　中波红外光谱

NASA　美国航空航天局

NBSAP　国家生物多样性战略和行动计划

NIR　近红外光谱

NLCD　国家土地覆盖数据库

NOAA　美国国家海洋和大气管理局

NPP　净初级生产力

NDVI　归一化植被指数

OAPS　海洋酸化产品系列

OCO　轨道碳观测卫星

OLI　陆地成像仪

OMPS　臭氧成像探测仪

OSCAR　海洋表面和洋流分析

PALSAR　相控阵型 L 波段合成孔径雷达

PAR　光合有效辐射

PI　颗粒无机碳

Radar　雷达

RCM　雷达卫星星座计划

SANBI　南非国家生物多样性研究所

SANSA　南非国家航天局

SAR　合成孔径雷达

SDM　物种分布模型

Sonar　声呐

SPM　悬浮颗粒物

SPOT　地球观测卫星系统

SSS　海洋表面盐度

SST　海洋表面温度

SWV　海表面风向

TERN　陆地生态系统研究网络

TIRS　热红外传感器

TOMS　总臭氧测绘光谱仪

TRMM　热带测雨卫星

UAV　无人机

UNEP-WCMC　联合国环境规划署世界保护监测中心

UNESCO　联合国教科文组织

USGS　美国地质调查局

UV　紫外线辐射

VCF　植被连续域

VCI　植被状态指数

VPI　植被生产力指数

VHR　超高分辨率

VIS　可见光光谱

WFI　宽视场成像仪

WMO　世界气象组织

WRI　世界资源研究所

附录 1　生物多样性监测的遥感基础

1.1　什么是遥感

对遥感的定义有很多。遥感即遥远的感知。广义遥感定义为远距离非接触式的采集和解译地物目标信息的科学。

遥感仪器可以按照对其支撑的运载工具或载体（被称作平台）分类。根据遥感平台的高度，遥感可以被分为三类：

附表 1.1　按照感器平台高度的遥感分类

<table>
<tr><th>层次</th><th>操作范围</th><th>高度</th><th>优点</th></tr>
<tr><td rowspan="3">地面</td><td>短程</td><td>50 ～ 100 m</td><td rowspan="3">- 全景地图
- 毫米精度
- 高清晰度测量</td></tr>
<tr><td>中程</td><td>150 ～ 250 m</td></tr>
<tr><td>远程</td><td>＜ 1 km</td></tr>
<tr><td rowspan="2">航空</td><td>飞机</td><td>＜ 20 km</td><td rowspan="2">- 可根据太阳照度、将要抵达和重复访问区域进行实时调整
- 航空平台易于维护、修理并调整其传感器。除了政治边界以外飞机的飞行路径没有边界
- 使用辐射定标过的传感器定量测量地面要素
- 半自动化的计算机处理与分析
- 在原位或遥感测量中以独特的方式覆盖平流层的大范围高度
- 对基于卫星测量的相关数据，包括验证和补充数据，均存在优势
- 测试研制过程中的重要仪器和便宜场所
- 相对低的成本
- 在获取数据的时间和频率上灵活
- 比目前的卫星技术有着更出色的记录空间详细信息的能力</td></tr>
<tr><td>气球</td><td>＜ 40 km</td></tr>
<tr><td rowspan="4">航天</td><td>航天飞机</td><td>250 ～ 300 km</td><td rowspan="4">- 大面积覆盖
- 对感兴趣区域频繁地、重复地观测
- 使用辐射定标的传感器定量测量地面要素
- 半自动化的计算机处理与分析</td></tr>
<tr><td>空间站</td><td>300 ～ 400 km</td></tr>
<tr><td>低轨卫星</td><td>700 ～ 1 500 km</td></tr>
<tr><td>地球同步卫星</td><td>36 000 km</td></tr>
</table>

基于飞行器的航空遥感按照平台可以进一步地分为载人航空遥感和无人机遥感。无人机是指在飞行中没有驾驶员但可被控制飞行路线的飞机。得益于 GPS 和通信技术，无人机可以被远程操控或者预设飞行程序或更复杂的动态自动化系统执行飞行任务。无人机的优势主要在于简单、快速、低成本、低消耗以及调度的灵活性，这使其适用于许多陆地表面的测量和监测应用，尤其是那些要求达到更高的高度和持续更长空中运行时间（即长时间飞行）的区域。

尽管传统的航空遥感存在一些缺点，例如，飞行高度、续航能力、姿态控制、全天候运作和动态监视；但它仍是研究和探索地球资源与环境的一项重要技术。

1.2 关于遥感监测生物多样性的方式及其适用性综述

遥感系统可以被分为两个主要的类型：被动遥感和主动遥感。以下对各个系统在本书中的运用做了简要描述。本书没有详细讨论更具体的技术和每个传感器的优缺点，因为这些技术信息并不涉及本书的研究范围，而且这些都可以通过浏览现有的文献获取到。

1.2.1 被动遥感

测量自然地物发射的能量的遥感系统称为被动传感器。利用被动传感器检验、测量和分析地物的过程称为被动遥感或光学遥感。被动遥感可测量的能量来自于地表地物反射（反射光）或发射（地表自身发射的辐射）的电磁辐射。对于所有的反射能量，只有在太阳照射地球时才有，晚上因无太阳照射而没有反射能量。地物自身发射的能量（如热红外）在白天和晚上均可被检测到。

光学遥感以光在不同光谱区域具有不同光谱特性为基础，例如，可见光光谱（VIS）是位于电磁波谱的 0.39 ～ 0.7 μm，是人眼的可视波段。可见光谱通常被分为三个光谱波段：蓝光波段（0.45 ～ 0.515 μm）被用于大气和深水区成像，在清洁的水体中可穿透深度为 50m；绿光波段（0.515 ～ 0.6 μm）被用于植被和深水结构成像，在清洁的水体中可穿透深度为 30m；红光波段（0.6 ～ 0.69 μm）被用于人工建筑、土壤和植被成像，在水中穿透深度为 9m，并且其对叶绿素很敏感。红外光的波长比红光更长。近红外光谱（NIR）位于 0.7 ～ 1.1 μm，位于人类可视范围之外，主要用于植物成像。近红外光谱可以用来区别植物种类。短波红外光（SWIR）被定义为波长在 1.1 ～ 3.0 μm 范围的光。短波红外成像的一个很大的优点是能够穿透霾、雾和玻璃。短波红外对叶片水分含量敏感（Tucker, 1980），因此可以提高植物种类的识别的精度。中波红外光谱（MWIR）位于 3.0 ～ 5.5 μm，而热红外（TIR）位于 8 ～ 14 μm。中波红外和热红外都可以捕获到地物自身的热辐射（即物体热辐射）：在冷色背景下，温度较高的物体能在影像中很好地凸显出来，例如，在夜晚环境下更容易看见恒温动物。

有两种方法使用被动遥感采集数据：

（1）多光谱

多光谱遥感在几个相对宽的和非连续的光谱波段采集数据，其波段通常为微米或纳米级（1 μm =1 000 nm）。选择有特定的光谱波段来采集辐射，并根据这些波段中对表达最显著的地物类别信息进行优化。不同的光谱响应可以对特定的地表类型进行详细分类（取决于所用传感器的空间、光谱和辐射分辨率）。遥感光谱在空间和时间上的异质性信息为快速估计或预测生物多样性属性和热点提供了一个重要研究基础。

（2）高光谱

高光谱传感器或成像光谱仪测量拥有大约 200 个狭窄、连续波段的辐射能量。高光谱遥感采用了一个灵活且合理的标准，即至少采集 100 个 10 ～ 20 nm 宽度的光谱信息。其大量的窄波段提供了在整个电磁波谱比多光谱更宽部分的连续光谱测量，因此，对细微的反射能量变化更敏感并对探测陆生和水生生物之间的区别具有更大潜力。例如，多光谱图像能被用来绘制森林面积图，而高光谱图像只要有恰当的空间分辨率就可以被用于绘制森林中各树种的

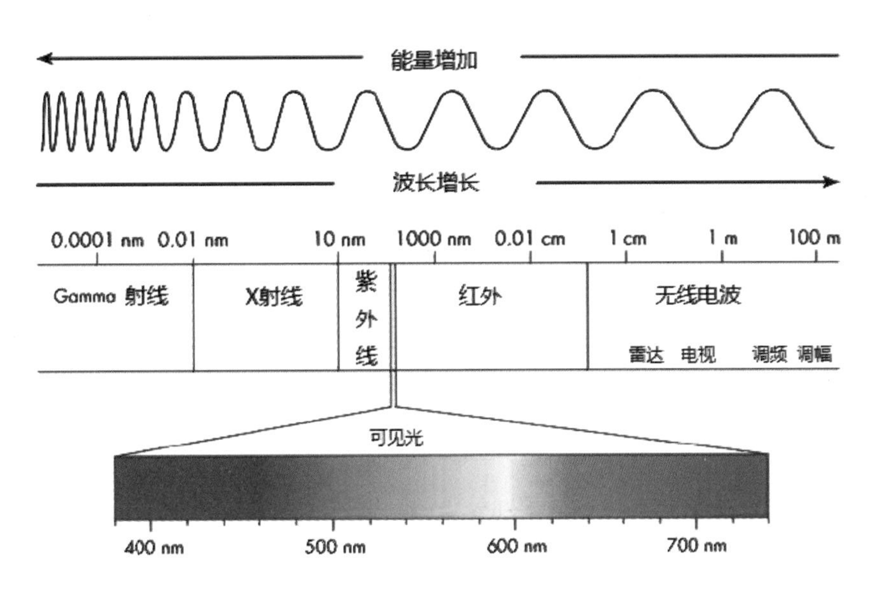

附图 1.1　不同波长可见光的电磁波谱表 (Lumenistics, 2012)

分布图。

1.2.2　主动遥感

主动遥感的传感器自身能主动发射能量。传感器直接对着研究的目标发出辐射能量，并探测和测量目标的反射能量。使用主动式传感器去检验、测量、分析地物目标称为主动遥感。主动式传感器可以用来检测太阳能量不足的波长部分（例如，微波波段），或者更好地控制地物目标被探测到。主动式微波传感器的优势在于可以全天时、全天候对目标进行测量。然而，主动遥感为了充分地探测目标需要相当大的能量。

（1）雷达

雷达是无线电侦测及测距的简称，本质上描述了雷达传感器的功能和操作特性。雷达工作原理是向目标发送微波（无线电）信号，然后探测其后向散射信号的比例。通过计算信号的返回时间探测物体位置、速度、方向和高度。它有助于研究鸟类的迁徙模式和行为并且在它们发生变化的时候警告研究者（Liechti et al., 1994; Hilgerloh, 2001; Ruth et al., 2005; Ruth, 2007; Benkert et al., 2008）。使用机载和星载雷达系统的一个重要优势是它们可以不受云和水汽的影响，而光学遥感则不能。这就使得科学家可以精确地绘制如热带雨林那样常年被云和雨水覆盖的区域。因此，高分辨率的雷达非常适合绘制和监视热带和亚热带潮湿地区的野生动物生境。该系统可以定期提供这些位置的变化信息，例如，砍伐或滑坡导致森林冠层的变化，（非法的）开采区域（对于农业、矿业、油棕种植来说）和入侵模式，道路网络的扩张，火灾影响以及植被生长等（Bergen et al., 2007; Swatantranet al., 2011）。

（2）激光雷达

激光雷达表示“激光探测和测距”，与雷达相似，不同之处在于前者发射激光脉冲而后者发射微波信号。激光雷达向目标发射激光脉冲并由接收机接收反射回的光粒子（光子）。接收机准确的测量光脉冲从发射到被反射回的时间信息。鉴于光速已知，很容易计算出地物目标与传感器之间的距离。

激光雷达是一个被广泛应用于生态研究的遥感技术。基于机载或星载激光雷达构建的指标被用来推测森林冠层高度与植被冠层结构的复杂度。激光雷达能精确表达垂直结构特性的能力，这使得它在估算与生态特性相关的重要的森林属性方面是一个非常有成效的方法且具有很高价值。在这方面，激光雷达可用于研究立体的生境异质性，具同时反映森林水平和垂直结构的变化（例如，茎、树枝和叶子的密度和分布）。这种结构的可变性可能与物种丰富度和其他生物多样性指标有关，这些是理解、模拟和绘制生物多样性模式的主要组成部分（Clawges et al., 2008; Bergen et al., 2007; Goetz et al., 2007）。

（3）声呐

声呐是一个在水面或是水下使用声音传播（通常在水下，作为潜艇导航）进行导航、交流或探测对象的技术。声呐与雷达有类似的工作原理。然而，声呐传感器发出的是声波而不是无线电波。通过测量声波被发射后，经地物反射，最后返回所消耗的时间，来计算与目标地物间的距离。

声呐具有两种工作形式，一个是主动发出声音脉冲，另一个为监听回声。声呐传感器在水中可用于声波定位和测量目标的回声特征。主动声呐使得科学家可以精确地绘制占地球面积三分之二的水域地图。另外，主动声呐已经被用于调查深水和浅水区鱼类种群的种群动态。被动声呐传感器接收水下声音有助于克服因许多视觉调查经验而带来的局限。

被动声呐和主动声呐都被作为提高对动物资源量估计的调查方法，尤其是对于鲸类动物调查。例如，被动声呐传感器已经成功用于包括白鲸、突吻鲸、抹香鲸、驼背海豚和江豚在内的多种鲸类物种的数量估计（Akamatsu et al., 2007; Van Parijs et al., 2002; Barlow et al., 2005; Mellinger and Clark, 2006）。与单独使用可视化方法相比，被动的声呐传感器能够探测更大范围的生物，并且减少可视化方法探测水下生物所花费的时间。

1.3　如何使用遥感监测生物多样性

有许多使用遥感监测生物多样性的方法。哪种方法是最合适的，取决于将被监测生物多样性的环境和这些生态系统中相关物种的特点以及遥感数据的可用性。主要描述以下两种监测方法：

1.3.1　直接测量个体和种群

高分辨率影像能直接测量个体和种群，例如 RapidEye（5m），WorldView（≤ 2m），GeoEye（＜ 2m），Pleiades（＜ 1m）和 IKONOS（3.2m）。超高分辨率影像的一个关键特征是具有对单个树冠探测和分类的能力。动物种群数量的直接测量只有当研究的动物或其踪迹（就像洞穴）容易被发现时才能够勉强实现。这就意味着对有限的植被覆盖或是较少物种的植被覆盖才能实现直接测量。这种监测的例子已经成功地在包括塞伦盖蒂平原的大象、角马和斑马（Yang，2012）、蒙古的土拨鼠（Velasco，2009）或是南极洲的帝企鹅（Fretwellet al.，2012）中实施。在 20 世纪 80 年代，已实现中等分辨率 Landsat MSS 影像识别袋鼠洞穴（Loffler and Margules，1980）。通过描述雪地上南极帝企鹅繁殖地在 Landsat 影像上光谱特性，绘制出了它们的繁殖分布（Fretwell and Trathan ，2009）。

1.3.2 间接测量生物多样性

间接测量所包含的方法主要是源于卫星传感器记录的反射率信息，其被用来推断监测表面生物多样性的信息。这样的测量基于三个潜在轴线，其分别为空间轴、时间轴和光谱轴。现有的传感器很大程度上决定了采用哪种测量合适。高空间分辨率的传感器可以提供邻近小区域内反射率变化的详细特性。但是这种星载传感器通常在光谱和时间分辨率受到限制。同样地，高时间分辨率的传感器（例如 NOAA AVHRR 或 MODIS）在光谱和空间分辨率上受到限制。最好地解决监测生物多样性的方法，很大程度上取决于被监测的生态系统和目标物种。近期研究表明光谱分辨率要优先于空间分辨率考虑（Rocchini et al., 2010 和相关参考文献）。生态系统内最小同质单元很大程度上决定了影像像元尺寸的大小。同样地，生态系统内主要物种物候期的差别决定了帮助识别生物多样性变化的时间分辨率的选取（Oindo and Skidmore, 2002）。

往往由卫星数据的间接测量得到的变量拥有直观的生物物理学意义，例如从数字高程模型提取的高程，从 NDVI 产品获得的绿色生物量，植被覆盖或地表温度。这些有时与多样性有直接的联系（Baldeck and Asner, 2013）并且被用来评价测量效果。此外它们常作为解释物种分布模型（SDM）的变量，该变量反过来有助于对物种多样性的评价。然而，辅助数据的多样性如高程也能提供中尺度的物种多样性信息，因为它可以代表生态异质性（Allouche et al., 2012）。

模型的输入

遥感数据也可以作为一些预测生物多样性模型的基本输入数据，如 SDMs 通过建立观察到的物种和遥感环境状况之间的经验关系来推断潜在的物种分布。这些模型普遍用于绘制单个物种分布图，但是他们也可以联合起来用于绘制那些有很高可能性存在大量物种（即热点）和少量物种（即冷点）的区域。通常，这不包含原始的卫星反射信号，而是包含那些与物种生存存在逻辑关系的产品的间接测量变量（如前文所述），比如地表温度、降雨量、归一化植被指数或是归一化植被季节性变化指数。对于大多数物种来说这些都是非常重要的参数，并通过这些参数尝试在一个多维优化的环境条件中寻找最适宜条件。

书中另一个值得提及的模型是自下向上的，它可以描述由生物多样性推测出的生态系统动力学模型。这些模型被称为全球植被动态模型（DGVMs），该模型以基于卫星的气候数据作为输入数据，模拟了潜在的植被变化及其对水文和生物化学循环的影响。

1.4 从遥感数据发展生物多样性指标

生物多样性指标的发展包括两个阶段的过程。首先，要决定需要哪些生物多样性变量来描述系统的状态；其次，选择合适的遥感产品与该变量建立联系。现今许多方法可以从遥感数据获得信息，但是要根据监测的系统和详细需求的等级才能对这些方法做出选择。附录 2 列举了目前可利用的 EO 产品和它们在生物多样性监测上的应用。

值得注意的是，基于卫星的数据无法直接作为生物多样性指标使用，而是经修正后才能作为生物多样性指标使用（Strand et al.,2007）。在数据可以作为有效的指标之前，需要对基于 GIS 分析的遥感数据进行地面数据验证。然而，处理遥感信息使之成为生物多样性指标的过程并不简单，有时指标类型及其复杂度会限制这一进程。应用于陆地和海洋环境的指标还会遇到其他特殊的挑战（详细信息请参考 4.1 和 4.2）。

1.5 为什么使用遥感监测生物多样性

1.5.1 传统原位方法

存在各种各样传统的原位方法调查（然后监视）生物多样性的方法。它们的有效性强烈依赖于目标类群。调查固着生物（植物、菌类）的普遍方法是取样。该方法在由框架或线围成的方形中分别详细描述其情况。科学收集移动物种信息的方法包括林冠雾法捕捉昆虫（Paarman and Stork，1987；Yanoviak et al., 2003），网捕法捕捉鸟类、蝙蝠和鱼类（Dunn and Ralph，2004，Arizaga et al., 2011；Larsen et al., 2007，Kalko et al., 2008；Lapointe et al., 2006, Achleitner et al., 2012），陷阱法捕捉爬行类（Ribeiro-Junior et al., 2008；Sung et al., 2011），昆虫信息素或光线（Baker et al., 2011）和相机陷阱（Linkie M. et al., 2013）。偶尔发现的如史前的粪便、幼虫蛹等也会对调查研究起到一定作用（Hill et al., 2005）。对于一些物种，其他的测量方法更适合于对其进行鉴定（例如，蝙蝠和鸟类的声学监测 Jones et al., 2009）。

为了获得某个监测生境中具有代表性的样本，通常需要调查很多个样点。从这一点来说，样点需系统地或随机地分层与聚合，以完成最优的样本取样。另外，通常只随机抽取四分之一的子集，并且只在预定的时间间隔记录沿横断面的观察结果。对于研究计划来说目标生境的时间变化与空间异质性一样重要，因为季节、白天天气和无规律的干扰（例如，火灾）共同决定探测一个生物的能力。在这种状况下，需要对样地进行多重采样来避免或减少时间偏差。

物种累积曲线描述抽样量与物种数的对应关系，用于评价给定曲线的抽样量的充分性。自然资源调查结果通常总结成各种多样性指数（例如，Simpson 或 Shannon-Wiener），该结果由观察的不同种类数量（丰富度）和它们每个样本单元的相对丰富度（均匀度）计算得到。

用传统原位方法监测生物多样性常常需要更多整理初始数据的工作（如前文所述），因为重复测量应建立在相同的抽样设计和方法的基础上，以精确地检测变化。通过利用模型和动力分析可以对上述方法进行优化（例如，Sewell et al., 2012）。

尤其是在调查生物的稀疏分布和个体难以发现的情况中（Mazerolle et al., 2007），在样本大小满足统计学方法估计丰富度之前，传统原位方法的抽样工作的花费会过于昂贵。

研究区域内一些难以到达的生境（如陡坡、茂密的红树林）以及一些现实条件（如接近道路或者观测种群）会影响传统原位方法获取调查结果。

所有样本点分配方案要求分配者具有空间（生境）异质性的先验知识，但在更精细的尺度下可能无法获取充足的先验知识。因此，研究区域内的一些生物多样性价值可能仍不能被探测到。

不够标准的采样协议可能减少初始数量再现性，从而增加了后续监视结果的不确定性（Braga Neto et al., 2013）。

监测结果无法外推到周围环境或不同时期的环境状况。在类似的情况中最多是使用专家知识和一些普遍存在的生境地图以及观察各物种生境间的关系推测其生物多样性。然而，通常的做法是以阿特拉斯格网单元或者整个研究区域数据的一致性描绘传统原位方法的结果。

1.5.2 遥感

遥感无法取代传统原位方法获取初始的物种信息，除了利用航空和由无人机获取的高分辨率数据识别大型物种之外。然而，对于以上的物种水平来说，如果加上地面数据，遥感是一个有价值的可大规模的进行生物多样性监测的工具，并且如果嵌入到一个全球的、适宜的观测网络，遥感的价值可能会更高（Pereira et al., 2013）。

遥感对于规划调查（和其初始调查后进行地层描述）以及重要的生物多样性变化监测非常有用。例如，遥感影像允许在研究区域内描述（时空的）生境种类及地层信息，这对设置最佳的采样点起决定作用。遥感可以在时空尺度上识别生境，但还无法被传统的原位方法检验，并且也可能忽略一些已知的或未知的物种。为了满足在与初始调查时空条件类似的条件下进行重复测量的要求，遥感在确定的时间地点上监测信息是非常有用的。

如果可以在地面实际观测和遥感数据之间建立一个强大的关系，那么在物种尺度上通过使用整合的 SDMs（例如 Raes et al., 2009，Dubuis et al., 2011）或在生态系统尺度（例如 Duro et al., 2007；Ricchini et al., 2010）估计与研究区域条件类似的其他区域的生物多样性。SDM 技术是一个有效且成本适宜的遥感监测工具。为了鉴定和校正可靠的生物多样性指标，永久的监测点和标准的调查准则是必不可少的（例如 Jurgens et al., 2012；Chawla et al., 2012；Braga-Neto et al., 2013）。

附表 1.2　与传统原位方法相比机载和星载遥感存在的优势和劣势列表

优势	劣势
相对于传统的基于点的测量，遥感提供一个连续的、重复的、大规模的影像	遥感仪器建造和运作昂贵
可获得危险或不可进入的地区的数据	遥感数据不是对目标直接采样且必须经过实测数据校准。测量不确定性会增加
相对廉价和迅速地在大范围区域实时获得数据	遥感数据必须在经过几何校正和地理定标以便作为地图使用而不仅是图像。这种转变存在难度
易于利用电脑操作，且能与在 GIS 中其他地理图层结合	遥感数据解译比较困难，这需要了解仪器测量原理、测量的不确定性以及与采集区域相关的知识

附录 2　遥感 / 对地观测产品综述

2.1　对地观测产品用于监测生物多样性

接下来，本书对现有的业务化 EO 产品分别就生物多样性监测中的应用及其支持公约的潜力两个方面进行了总结。EO 产品是实现爱知目标的关键，它们有助于追踪生物多样性进程和潜在可用的 CBD 指标。此外，EBVs 的研究人员有助于这些指标的建立。在附录 4 的附表 4.1 和附表 4.2 详细描述了这些数据集。此外，在附录 4 的附表 4.3 中更加详细地描述了包括这些产品所支持的次级爱知生物多样性目标、关键特征及其总结和可获得的数据集。

2.1.1　基于地面的业务化 EO 产品

土地覆盖和土地覆盖变化

土地覆盖是地球表面可见的特性，它包括植被覆盖以及覆盖在地球表面上的自然和人工地物（Campbell，2006）。这些都是地球表面的物理特性，而土地利用则是人类对这些特性的使用，如农业领域。地球表面不同的物理特性以不同的方式反射太阳辐射，使得其具有独特的光谱特性。不同土地覆盖类型的光谱特性允许 EO 卫星传感器大范围、大空间尺度上绘制土地覆盖图。局部小范围内经常使用地面测量数据，而地区到全国尺度上航空和航天影像的使用更为普遍。

土地覆盖经常用于区域、国家或州际尺度上通过目视解译来评估大规模土地覆盖模式与相关物种的分布或丰富度（Cardillo et al.,1999），以及通过“空缺分析”识别可能的生物多样性热点区域（Scott and Jennings，1998）。这样的地图也可能有助于鉴定保护区内及其周边土地覆盖变化，并有助于改善现有的保护区管理（Jones et al., 2009）。土地覆盖可作为土地利用、农业气象灾害、生境和气候等模型的变量参数并且作为更复杂的基于 EO 的产品模型的输入数据，如 MODIS 的 LAI 和 FAPAR 产品（Myneni et al., 2002）。

在附录 4 中列出了一些可用的土地覆盖图和土地覆盖数据发布中心的例子。然而这些开放的土地覆盖图用不同的制作方法和分类体系制作，其旨在满足不同的终端用户和机构的需求。这就使土地覆盖图的整合变得很困难。此外，尽管这些图有定期的更新，但它们仅表示某一时刻的土地覆盖，例如 1990 年、2000 年和 2006 年的 CORINE Land Cover（CLC）。生物多样性群落可能会受益于关于土地覆盖地图需求的评价。这可以帮助集中努力生产一系列满足生物多样性群体需求的土地覆盖或土地利用产品。

（1）火灾

火灾痕迹与地球表面之间产生强烈的反差，与此同时火灾发出的热辐射易于被 EO 传感器探测到（Dozier，1981）。例如，沿轨扫描辐射计（ATSR）每月生成一幅基于陆地表面温度的火灾图。ATSR 世界火灾地图集展示了火灾区域的空间范围和发生易于火灾位置。从可见光到红外线波段范围内的光谱信息可能被用来探测频繁发生火灾的地区并区分无火灾区域，MODIS 已成功实现了该功能（Roy et al., 2005）。森林火灾可以迅速地改变生态系统结构，并将地表的自然物质变成有机碳和灰烬（Kokaly et al., 2007）。

土地覆盖和土地覆盖变化与下列因素相关：

● CBD 爱知生物多样性目标

✓目标 5：到 2020 年，使所有自然生境（包括森林）的丧失速度至少降低一半，并在可行情况下降低到接近零，同时大幅度减少生境退化和破碎化程度。

● CBD 2011—2020 年度生物多样性战略计划操作指标

✓所择生态群落、生态系统和生境程度的趋势（决议Ⅶ/30 和Ⅷ/15）

✓自然生境转换比例的趋势

● GEO BON EBVs

✓生态系统范围和破碎度

✓生境分布

定期获取火灾数据有助于理解季节性或年度性火灾活动的时间循环和它对温室气体，尤其是二氧化碳排放的影响（Zhang et al., 2003）。目前，已生产出近实时更新的大陆和全球尺度的业务化火灾产品。国际减灾战略提供了一个全面的基于 EO 的火灾产品列表。全球陆地服务门户利用 SPOT/VGT 数据和由土地过程分布式数据中心群（LP-DAACs）产生的 MODIS 产品提供了从 1999 年到现在的火灾产品。MODIS 应急响应系统使用不同的 EO 传感器提供近实时火灾监测。ESA 的 ATSR 世界火灾地图集拥有从 1995 年到现在每月的火灾图。这些数据源提供关于火灾的空间分布及其时间信息，这有助于理解火灾发生的原因，并对保护计划的实施起到很重要的作用。最近联合研究中心发布了一个新的火灾监测工具，该工具提供世界保护区域的火灾活动信息。该监测信息源于 EO 并以环境指标和地图的形式表达，从而使得用户无须具有专业遥感知识。火灾监测工具专门为工作在保护区的人设计[4]，而且还为公园管理员和保护项目的科学家、决策者提供对火灾预防、计划与控制点的支持。

MODIS 观测和地表数据为火灾工具提供了从 2000 年年底到现在十多年在全球尺度上近实时数据。通过提供近实时统计数据和火灾发生专题图以及基于历史时间序列数据分析的趋势和异常性协助保护项目的公园管理者。自然资源保护者将能够通过自然生境火灾动态变化，分析风险和压力（例如，一些像非法狩猎一样与火灾有关的违法行为）并且最后评价公园管理的有效性。火灾发生的异常性（例如，火灾发生频率与季节性变化）可以作为土地覆盖变化或生境消退的指标，或是土地利用变化的指标。利用这些信息为有效地保护措施提供了适当的支持。

火灾产品与下列因素相关[1]：

● CBD 爱知生物多样性目标

✓目标 5：到 2020 年，使所有自然生境（包括森林）的丧失速度至少降低一半，并在可行情况下降低到接近零，同时大幅度减少生境退化和破碎化程度。

● CBD 2011—2020 年度生物多样性战略计划操作指标

✓所择生态群落、生态系统和生境程度的趋势（决议Ⅶ/30 和Ⅷ/15）

● GEO BON EBVs

✓干扰机制

注 4. http://acpobservatory.jrc.ec.europa.eu/content/fire-monitoring.

（2）植被生物物理参数

植被生物物理参数有叶面积指数（LAI）和光合有效辐射吸收比例（FAPAR）两种，它们对包括光合作用、呼吸作用和蒸腾作用在内的多重地表过程非常重要（Baret et al.，2013）。

叶面积指数被定义为每单位土地表面上的叶表面积总和（Campbell，2006）并且是表面大气相互作用的重要参量，例如降水拦截、光合作用、蒸散发和呼吸作用。光合有效辐射吸收比例如同是植物光合作用的电池，衡量植物吸收光合有效辐射（PAR）并且生成绿叶生物量（Gobron et al.，2006）的能力。这些参数是具有相关性的，如 LAI 生物量等价于 FAPAR，并且它们都是生态系统过程模型的驱动因子。FAPAR 在光能利用率模型中是一个基本的变量（McCallum et al.，2009）。

LAI 实地测量方法包括直接测量叶面积或是通过半球成像技术等测量，而 FAPAR 可以从太阳辐射的入射和出射辐射量估算。然而，这些方法都会消耗巨大人力。LAI 和 FAPAR 遥感产品是在局部和全球尺度上由传感器如 Envisat EMRIS（从 2012 年起无法使用）和 Terra MODIS 收集产生得到。然而，由于云影响而导致每日数据需要被合成为周期是 8 天或 16 天的合成数据。LAI 和 FAPAR 的时间序列可以用来监测植被季节性动态变化，如作物周期和地面物候。例如，利用十几年的 LAI 时间序列数据发现了全球轻微的绿化趋势（Siliang et al.，2010）。

（3）植被生产力的光谱指数

归一化植被指数（NDVI）可以由任何记录红光和近红外光谱的电磁辐射传感器计算得到。然而，已证实归一化植被指数易于受到大气和传感器变化的影响（Pinty and Verstraete，1992）。其他光谱指数如 MODIS 增强型植被指数（EVI）是由特定的传感器设计的。然而 NDVI 仅使用光谱信息，其他指数，如 EVI 是建立在对绿色生物量敏感的参数化光谱信息上，因此不太可能用在生物量密集地区如热带雨林，受到饱和效应的影响的地区（Huete et al.，2002）。NDVI 是用于判断植被是否存在的通用指标，但是它没有 EVI 稳定，尤其在时间序列分析中。然而当绘制空间信息时，两者均可以显示植被生产力和状况的变化。这些光谱指标可以被用在从地区到全球的任意尺度上，尤其是 NDVI，它可以根据需求由任何尺度的测量红光和近红外光谱辐射的传感器计算得到。然而，我们既要认识到这些指数的优势，也需要考虑它们的缺点，并要严格地应用于定量分析而不是定性分析（Campbell，2006）。生物物理变量用于植被变量的定量分析是最好的。这些指数最好能作为通用的植被状态指标，以帮助探测植被状况的相对变化，尤其是探测发生生境干扰和植被空间范围减少的原因。

植被状态指数（VCI）和植被生产力指数（VPI）是基于 NDVI 生产的全球业务化产品。这些产品与往年 NDVI 的同期趋势数据相比可以识别植被生长异常点，例如干旱。同时它们也对于监测植被生长状况的时间变化很有用。VCI 和 VPI 可以从哥白尼全球土地服务中获得。

植被生理参数与下列因素相关：

- CBD 爱知生物多样性目标

✓目标 5：到 2020 年，使所有自然生境（包括森林）的丧失速度至少降低一半，并在可行情况下降低到接近零，同时大幅度减少生境退化和破碎化程度。

- CBD 2011—2020 年度生物多样性战略计划操作指标

✓提供碳储量的生境的条件和范围的现状和趋势

✓初级生产力的趋势

- GEO BON EBVs

✓生态系统范围和破碎

✓生境干扰

植被生理参数与下列因素相关[1]：

● CBD 爱知生物多样性目标

✓目标 5：到 2020 年，使所有自然生境（包括森林）的丧失速度至少减少一半，并在可行情况下降低到接近零，同时大幅度减少退化和破碎情况。

✓目标 10：到 2015 年，尽可能减少由气候变化或海洋酸化对珊瑚礁和其他脆弱生态系统的多重人为压力，维护它们的完整性和功能。

✓目标 14：到 2020 年，提供重要服务（包括与水相关的服务），使有助于健康、生计和福祉的生态系统得到恢复和保障，同时顾及妇女、土著和地方社区以及贫穷和弱势群体的需要。

● 2011—2020 年度 CBD 生物多样性战略计划操作指标

✓提供碳储量的生境的条件和范围的现状和趋势

✓初级生产力的趋势

● GEO BON EBVs

✓净初级生产力（NPP）

✓物候现象

（4）植被覆盖和密度

植被连续域（VCF）和绿色植被覆盖度（fCover）是用在影像像元尺度上测量植被的相对空间覆盖的指数。VCF 估计单位像元中植被覆盖类型的相对比例，如：木本植物、草本植物和裸地所占的比例（De Fries et al., 1999，Hansen et al., 2003），而 fCover 测量绿色植被相对的冠层间隙度（Baret et al., 2007）。fCover 常作为气候模型的输入参数，主要用来分离出土壤对植被指数的贡献。

VCF 和 fCover 与下列因素相关：

● CBD 爱知生物多样性目标

✓目标 5：到 2020 年，使所有自然生境（包括森林）的丧失速度至少降低一半，并在可行情况下降低到接近零，同时大幅度减少生境退化和破碎化程度。

● CBD 2011—2020 年度生物多样性战略计划操作指标

✓生境退化或受威胁比例的趋势

✓自然生境破碎的趋势

● GEO BON EBVs

✓生态系统范围和破碎

✓生境干扰

它们也是土地覆盖的重要组成部分。例如，VCF 产品的连续分类方案可能在描述土地覆盖区域异质性结构上比离散分类更有效。利用 fCover 定期更新静态土地覆盖图可以将干扰作为土地覆盖的变量，从而得到更高质量的土地覆盖产品。从 Terra-MODIS（NASA）图像获取的年度的全球 VCF 数据由全球土地覆盖研究所（GLCF）发布。fCover 产品可以从哥白尼全球土地服务中获得。

（5）生物量

生物量是对植物群落质量的量化（Campbell，2006）。通过局地尺度的实地测量地面以上部分的生物量可以对基于 EO 测量的生物量进行校准和验证（Saatchi et al., 2007），而对于基于 EO 的技术来说，测量地面以下的生物量更具有挑战性（Cairns et al., 1997）。在拉丁美洲，撒哈拉以南的非洲地区和东南亚，地面之上和地面之下的总生物量可以通过EO和航空遥感的融合数据估计得到，这和地面方法所测结果一样（Saatchi et al., 2011）。因为目前没有直接监测生物量的EO传感器，遥感方法估计生物量是间接地根据植被冠层体积计算出来的。因此，从机载或星载激光雷达估计树冠高度在生物量计算上是重要的第一步，然后使用基于如MODIS粗分辨率卫星影像的模型进行大面积估算生物量（Saatchi et al., 2011）。

木本树木占有全球主要的生物量（Groobridge and Jenkins，2002），因此生物量经常被用作评价森林碳储量的初级变量。源于卫星的地上木本生物量估计为地球碳库提供了可靠指标（Dong et al., 2003）。因此，森林砍伐，土地利用变化和全球森林火灾的遥感监测有助于改进全球碳循环模型。生物量的变化也可能导致生物多样性的变化。因为生物量估计方法是非直接的且需要大量人力，所以基于EO生物量产品目前还无法使用。然而，干物质生产力（DMP）已可以作为产品使用并且可以通过全球土地服务、GEONET Cast和DevCoCoast获得。DMP表征现存生物量每天的增长量（与净初级生产力等值），其单位为每公顷每天干物质的公斤量。欧洲航空机构任务“BIOMASS”旨在2020年将提供基于雷达技术测量的全球森林生物量（Le Toan et al., 2011）。

生物量与下列因素相关：

- CBD爱知生物多样性目标

✓目标5：到2020年，使所有自然生境（包括森林）的丧失速度至少降低一半，并在可行情况下降低到接近零，同时大幅度减少生境退化和破碎化程度。

✓目标15：到2020年，通过养护和恢复行动，生态系统的复原力以及生物多样性对碳储存的贡献得到加强，包括恢复至少15%的退化生态系统，从而有助于减缓和适应气候变化及防止荒漠化。

- CBD 2011—2020年度生物多样性战略计划操作指标

✓初级生产力的趋势

✓提供碳储量的生境的条件和范围的现状和趋势

- GEO BON EBVs

✓生境结构

✓净初级生产力（NPP）

2.1.2 业务化的海洋EO产品

基于海洋的EO产品在反演方法和时空覆盖上不同于基于陆地的产品（Campbell，2006）。这种不同主要是因为陆地表面和水体的电磁波反射特性不同。水体的反射率受水体表面状态、水体所含悬浮物质的数量和类型以及浅水区水底基质等的影响。此外，海洋动态变量如漩涡和潮汐变化速度较快，无法被极地轨道传感器有效检测到（Campbell，2006）。

然而，星载传感器（如，SeaWiFs、Envisat MERIS和NOAA AVHRR）通过优化以检索海洋变量，例如海洋颜色（绿素a的浓度，单位mg/m^3）（Brewin et al., 2011）、海洋初级生产力（Antoine et al., 1996）、悬浮沉积物、海洋表面风速（m/s）、海洋表面温度（℃）、海洋表面盐度和海洋表面状态（Campbell，2006）。这些是海洋和常规监测以追踪气候变化的重要状态变量，同时它们自身也是生境参数。例如，海洋变量由海鸟密度和其物种组成（Hyrenbach et al., 2007）、鲸类物种分布范围（Tynan et al., 2005）以及浮游物种和近岸鱼类的分布（Johnson et al., 2011）有关。海洋颜色测量与浮游植物的丰富度和类型有关，而浮游植物对海洋食物链来说有重要的意义（Brewin et al., 2011）。对于海洋环境内气候变化监测，遥感卫星已被用于追踪北极海冰范围、海平面上升、热带气旋活动和海表温度（IPCC，2007）。现已有测量全球海洋颜色、海洋表面温度和盐度的业务化产品并且能够从 NASA Ocean Color 网站或从 GMES My ocean 网站上下载。ESA 也提供了名为 Globcolour 的业务化的数据。NOAA 海洋表面和洋流分析（OSCAR）提供来源于卫星高度计和散射计数据的近实时全球海洋表面洋流图。

2.1.3 EO 产品用于污染监测

遥感在大气层上部、地面表面和海洋环境的空间内范围内监视污染物有很大的潜力。尽管这是相对较新的地球卫星观测技术的应用，但这是一个很有发展前途的领域，对许多 EBV 类别有潜在的影响并有助于实现跟踪 2020 年爱知目标进程。与污染有关的 EO 产品并不是严格可业务化的，因为这些产品大多数还处于发展阶段或是大数据传递和早期预警系统的组成部分。不过，目前基于 EO 的信息系统应用于监测和预测污染的例子已经存在并在下面列出。

（1）大气污染和温室气体排放

一些大气污染物会促进温室效应，其他的则直接对生命有害并且可能导致生境退化和生物多样性丧失。温室气体主要有二氧化碳、甲烷和一氧化二氮（N_2O）。在网上能找到很多的关于这些气体及其对气候变化影响的信息（Greenhouse Gas Online，2013）。

欧洲近红外大气探测干涉仪（IASI）测量主要温室气体，如臭氧、甲烷、一氧化二氮和二氧化碳的总含量。这些测量通过与全球气候模型的同化，有助于理解气候过程。产品可以由 ISAI 或相关的传感器获得，例如，欧盟极地气象卫星系统（EPS），这些产品与大气的温度、湿度、臭氧含量以及微量气体成分有关。

NASA 微波临边探测仪（MLS）测量上层大气的被动微波辐射并对大气气体、温度、压力和云冰量进行估计。MLS 仪器测量对流层上层的污染具有独特优势，因为以前无法在这种高海拔处不受冰云的影响。这种数据有助于深入理解污染的远程运输及其对全球气候的影响。近实时 MLS 产品如温度、臭氧、一氧化碳、水蒸气、一氧化二氮、硝酸和二氧化硫等可以在网上查看到相关信息。

二氧化氮（NO_2）是一个主要的人造气体，它通过氧化作用形成硝酸进而形成酸雨。酸雨对土壤、植被有不利的影响并且会导致海洋酸化。由发电厂、重工业、公路运输与生物物质燃烧均会排放 NO_2 的氮氧化物。NO_2 在大气化学中很重要，因为它是对流层（大气层下面部分）中臭氧生产过剩的原因。全球 NO_2 污染图在 2004 年由 ESA Envisat 吸收光谱仪生产，然而该传感器已于 2012 年退役。从 2002 年到 2012 年各种基于吸收光谱仪的大气产品可以通过成为 ESA 注册用户获得。上层大气中平流层的 NO_2 通过美国 AURA 和欧洲 MetOp 卫星系列上传感器的测量值推断得到。

海洋 EO 产品有海洋颜色（叶绿素 a 浓度 以 mg/m^3 计）、海洋净初级生产力（NPP）、悬浮沉积物、海边风速（m/s）、海表温度（°C），海洋表面盐度和状态。它们与下列因素相关：

● CBD 爱知生物多样性目标

✓目标 5：到 2020 年，使所有自然生境（包括森林）的丧失速度至少降低一半，并在可行情况下降低到接近零，同时大幅度减少生境退化和破碎化程度。

✓目标 8：到 2020 年，污染，包括营养物过剩造成的污染在内，被控制在不对生态系统功能和生物多样性构成危害的范围内。

● CBD 2011—2020 年度生物多样性战略计划操作指标

✓生态系统状况和脆弱性的趋势

✓沉淀物转移率储存的趋势

● GEO BON EBVs

✓生态系统范围和破碎

✓生境分布

✓净初级生产力（NPP）

对 NO_2 和臭氧相关的大气 EO 产品与下列因素有关：

● CBD 爱知生物多样性目标

✓目标 8：到 2020 年，污染，包括营养物过剩造成的污染在内，被控制在不对生态系统功能和生物多样性构成危害的范围内。

● CBD 2011—2020 年度生物多样性战略计划操作指标

✓氮足迹消耗活动的趋势

✓自然生态系统臭氧水平的趋势

● GEO BON EBVs

✓生境干扰

（2）海洋污染

例如，2002 年普雷斯蒂奇灾难，1989 年瓦尔迪兹和 2010 年深水地平线石油钻塔的石油泄漏始终提醒我们石油泄漏对海洋环境造成的威胁。幸运的是，现在航空和航天遥感可以很容易实现大尺度监测海洋环境中的石油泄漏（Leifer et al., 2012）。意外的重大石油泄漏和非偶然的海洋船舶泄漏可根据其空间范围和流动方向追踪到。遥感技术也被用于定位油外泄源点以及在紧急救援中提供战术援助。

合成孔径雷达（SAR）因能在夜晚监测，不受云影响且对水面粗糙度敏感，而经常作为基于星载的工具探测石油泄漏的方法（Bern et al., 1993；Campbell，2006）。油外泄处表面平滑与其周围相对粗糙的水体表面形成强烈对比，使其在 SAR 影像上表现为一个黑点。

例如，清洁海网（Clean Sea Net）是一个业务化的基于 EO 技术的石油泄漏监测服务，其包含可以提供实时的海洋情况和天气信息的水面浮油成像系统。这对追踪浮油带移动的速度和方向是必不可少的。由欧洲成员国海洋部门主导的 Clean Sea Net 是 GMES 的一部分。它能够在图像采集后 30 min 内将污染警报和相关信息转发给相关的部门，从而达到即时响应的目的。目前，没有针对海洋污染开放的业务化的产品，因此当污染事件发生时，它们需要通过正规系统才能即时地传递给相关用户。

石油泄漏对生物多样性的影响可以通过融合遥感影像和其他的地理图层获得，如海洋和沿海的保护区以及海洋物种分布范围（Engelhardt，1999）。例如，快速响应和恢复的 NOAA

已经提出了一个开放访问的基于美国生物和人类在海岸线地带土地利用的多元数据图层环境敏感指数（ESI）系统，通过 ESI 指标对海岸线对漏油的敏感程度进行排列定级。该系统能帮助策划者在石油泄漏发生前制定应急计划，并在泄漏发生时迅速响应并制定最佳的应对措施。

与探测石油泄漏和海岸线敏感度有关的海洋 EO 产品与下列因素相关：

● CBD 爱知生物多样性目标

✓目标 8：到 2020 年，污染，包括营养物过剩造成的污染在内，被控制在不对生态系统功能和生物多样性构成危害的范围内。

● CBD 2011—2020 年度生物多样性战略计划操作指标

✓与生物多样性有关的环境中污染物排放的趋势

● GEO BON EBVs

✓生境干扰

附录 3　公约背景下新兴的遥感应用

本章节概括了与追踪爱知生物多样性目标进程有关的海洋和陆地环境中新兴的遥感应用，并在这个基础上讨论了未来发展方向。

3.1　近实时遥感监视

在作为监督工具监测法律与政策实施方面，可用的近实时影像有很大的潜力，但到目前为止它们还未被充分利用。卫星影像和衍生产品在作物监测、砍伐森林监测及灾难响应方面的应用只有一个较短的“保质期”，因为只有在事件或潜在危害发生之后才能拿到可用的遥感影像，这限制了它们在灾难响应和灾害减灾方面的应用。在这些情况下需要近实时可用的影像。

对巴西亚马孙流域进行非法森林砍伐监测就是该应用的典型案例。DMCii 公司现在为巴西 INPE 的 DETER 提供影像服务，以定期获取的 MODIS 卫星影像探测森林乱伐（Hansen and Loveland，2012）。DMCii 影像使 INPE 具有中等分辨率的监测能力，以克服 250m 空间分辨率的 MODIS 无法探测到的非法砍伐。更多细节可以在本书章节 3 中找到。

火灾监测也采用了基于 EO 数据的近实时监测系统。例如，澳大利亚地球科学哨兵系统使用每日的 MODIS 影像监测整个澳大利亚大陆发生的火灾（更多的信息请参阅章节 3.1）。这种方法也被不同的非洲国家采用。

主要支持的 CBD 爱知生物多样性目标：

✓爱知目标 5：到 2020 年，使所有自然生境（包括森林）的丧失速度至少降低一半，并在可行情况下降低到接近零，同时大幅度减少生境退化和破碎化程度。

✓爱知目标 7：到 2020 年，农业、水产养殖业及林业用地实现可持续管理，确保生物多样性得到保护。

3.2　污染及其对生物多样性的影响

附录 2 讨论了在气候变化背景下，遥感在大气气体监测中的作用。然而，大气氮的增加对生物多样性有相当大的负面影响，尤其是在植物多样性和植物健康方面（Phoenix　et al., 2006）。尽管目前没有直接使用遥感的方法监测大气氮沉降对生物多样性的影响，但附录 2 中谈到了可以使用植被产品监测它对植物活力的影响。

水体富营养化是由植物营养过剩导致的，这与土地利用或土地覆盖变化有密切联系，并且经常会导致“水华”。叶绿素浓度的变化会导致水体反射辐射能量的变化，含有高浓度叶绿素的水体在绿光波段具有高反射率而在蓝光和红光波段有高吸收率（Lillesand et al., 2008）。由航空航天传感器定量监测水华的方法是利用这些反射特性来绘制和监测水华的发生。由于蓝绿藻和绿藻的光谱相似性，经常使用更窄波段宽度的传感器，如高光谱影像或机载滤波相机。更为先进的方法如依赖于同化海洋观测卫星获取的生物光学测量数据的水动力地球生物化学模型正被用于更精确地评估基于 EO 的富营养化产品（Bankd et al., 2012）。

海洋酸化对海洋生态系统有广泛的影响并刺激了众多领域的研究工作，该领域包含了从钙质壳形成的生物化学过程到对海洋渔业、水产养殖业以及其他生态系统服务的社会经济的影响（Doney et al., 2009）。当海洋吸收的 CO_2 造成海水化学发生变化时，海洋发生酸化。pH 的改变对有钙质外壳的生物来说有不利的影响，如有孔虫和翼足类动物软体动物（Fabry et al., 2008）。珊瑚礁也处于危险中，随着海洋 CO_2 的大量增加，预计到 2065 年珊瑚礁钙化率将减少 40%（Langdon et al., 2000）。卫星遥感可以在监测该现象中发挥作用，例如，MODIS 可以测量碳酸钙即颗粒无机碳（PIC）的反射率（Balch et al., 2005）。

NOAA 海洋酸化产品系列（OAPS）合成了卫星和模拟的环境数据集，可以提供月时间尺度的海洋表面碳酸盐化学的综合估计（OAPS，2013）。基于 NOAA-AVHRR 卫星的海洋表面温度估计值是许多有助于 OAPS 参数中的一个（Gledhill et al., 2009）。利用遥感对海洋表面碳酸盐化学的建模，允许在季度到年际间尺度上探讨从区域到流域内的海洋酸化趋势。由于基于船舶的测量受到空间范围和测量频率的限制，遥感对监测整个海洋的生物多样性有着非常重要的影响。

主要支持的 CBD 爱知生物多样性目标：

✓目标 8：到 2020 年，污染，包括营养物过剩造成的污染在内，被控制在不对生态系统功能和生物多样性构成危害的范围内。

✓目标 10：到 2015 年，尽可能减少由气候变化或海洋酸化对珊瑚礁和其他脆弱生态系统的多重人为压力，维护它们的完整性和功能。

3.3 入侵植物物种入侵范围的监测

对于保护区和遥感给予重大贡献的区域，最重要的是绘制外来入侵植物物种传播的空间分布图。在使用遥感绘制优势林冠树种上，遥感影像的运用有很大的优势。然而，在原生森林中大量的入侵植物经常存在于被林冠遮盖的下层植被中。另外，植物群落经常以混合生长的形式存在，很难只使用光谱数据将其分开（Zhang et al., 2006）。这种情况适合采用 GIS 数据层和建模在内的间接方法。此外，被动遥感如激光雷达也会起到很重要的作用。

保护区目前面临的关键挑战是在监测外来入侵物种方面，当前可用的基于 EO 的土地覆盖或生境产品无法来区分不同的植被物种。虽然如此，高光谱图像拥有在生态系统水平上区分物种的潜能（Hestir et al., 2008）。然而，基于高光谱的产品还没有实现业务化，且高光谱遥感经常被局限于在本地尺度上使用机载高光谱传感器的研究，例如 NASA/JPL 的机载可见光 / 红外成像光谱仪（AVIRIS）、星载高光谱传感器主要有位于 EO-1 上的 Hyperion 传感器和 ESA Proba-1 卫星搭载的多角度紧凑型高分辨率成像光谱仪（CHRIS）。

进一步探索和发展这些传感器获得的高光谱产品，对将来在站点尺度上绘制植被物种是必不可少的，这将更加有利于监测外来入侵植被物种的传播。同时，机载影像和亚米级分辨率的卫星影像也对入侵物种的绘制具有很大贡献。

主要支持的 CBD 爱知生物多样性目标：

✓爱知目标 9：到 2020 年，查明外来入侵物种及其入侵路径并确定其优先次序，优先物种得到控制或根除，并制定措施对入侵路径加以管理，以防止外来入侵物种的引进和种群建立。

3.4 管理效果和建立有效生态保护区网络的评估

热带保护区周围的土地利用变化已成为衡量森林保护区健康的重要决定因素（Laurance et al., 2012）。MODIS VCF 数据显示，高达 68% 的全球大范围高度保护的热带森林区域的覆盖度从外围行政边界减少了 50km。很少有保护区会在它们的行政边界内损失森林生境（De Fries et al., 2005）。这些研究证明了在保护区内及其周边考虑更有效的保护区管理策略对土地利用动态变化具有很大的重要性。

当前，大面积监测土地覆盖变化主要使用中等空间分辨率且具有多时相时间序列的 Landsat 数据（Hansen and Loveland，2012）。评价保护区有效性需要能够随时间变化而保持一致性和可重复性的分析方法，而空间分辨率最好是高分辨率或超高分辨率。因此，在制图方法上的变化表现为分析人员从对各个绘图技术的交互转变为利用计算机强大的计算能力处理大数据的自动化处理程序（Hansen and Loveland，2012）。最为理想的情况是 Verbesselt et al.,（2012）提出的，他主张将这种程序与由突发变化触发的近实时报警系统结合。这种方法会提高报警系统对自然和人为的干扰事件如非法砍伐和干旱的敏感度。使用基于 EO 的工具监测保护区水平已经通过 GEO BON 和 JRC 共同开发的 DOPA 实现。DOPA 为保护管理传递一系列以信息为基础的、可使用的工具，以监视全球保护区的状态及其压力（Dubois et al., 2011）。

在加拿大，正在通过土地覆盖、破碎度、干扰因子和积雪覆盖等遥感指标进行监测候选保护区状况和当前保护区网络。在具有相同环境条件的区域使用这个方法可以评估加拿大公园网络的效果并且确定需要保护的地点。本评论在章节 3.3 中能找到关于该方法的更多细节。

主要支持的 CBD 爱知生物多样性目标：

✓爱知目标 11：到 2020 年，至少有 17% 的陆地和内陆水域以及 10% 的海岸和海洋区域，尤其是对于生物多样性和生态系统服务具有特殊重要性的区域，通过建立有效而公平管理的、生态上有代表性和连通性好的保护区系统以及其他基于区域的有效保护措施而得到保护，并被纳入更广泛的陆地景观和海洋景观。

3.5 利用陆地和海洋哺乳动物作为传感器搭载平台

在过去几十年中动物遥测技术取得了巨大进展。动物遥测的目标是对动物进行标记以获取样本数据，如其位置、运动、三维加速甚至是动物个体的心率等生理参数。

然而，与经常使用标记评价不同运动属性的海洋生态系统相比，使用陆地动物标记存在更多限制。在陆地环境中使用个体标签追踪动物的常用方法有全球定位系统（GPS）、阿尔戈斯多普勒标签、超高频率无线电标签、光学地理定位器以及使用条带或环等。然而，并不是所有的这些都依赖卫星传感器技术，因为电声器件是基于无线电讯号的（Movebank，2013）。基于空间动物研究的国际合作（ICARUS）最初是一个由终端用户的需求驱动的新的全球动物运动监测系统，它通过结合原位测量和遥感方法的优势，减少这两种方法之间的区别。从而为 EBV 的“迁移行为”或“特定的物种分布趋势”的业务化的指标提供所需的数据，两者都与爱知目标 12 有很高的相关性。

美国综合海洋观测系统（IOOS）正在使用从附着在海洋动物上的电子标签获取研究数据，从而加强对海洋环境的综合理解（IOOS，2013）。例如，遥测技术已经用于表征加勒比海中玳瑁的移动特性，研究表明它们在保护区的实际数量要比人们曾经认为的要多（Scales et al., 2011）。动物标记的可用性在于传感器可以多年长距离地追踪个体，并能够远程收集地下以及人力难以抵达区域的环境数据。传统的对地观测技术在技术和经济上均难以监测个体尺度上的动物移动和环境条件。

主要支持的 CBD 爱知生物多样性目标：
✓爱知目标 12：到 2020 年，防止已知受威胁物种遭受灭绝，且使其保护状况（尤其是其中减少最严重的物种的保护状况）得到改善和维持。

3.6 生态系统服务：碳储量和气候变化

陆地生境中基于遥感的碳储量评价方法是一个主要的研究领域，并且其很大程度上依赖于植被生物量和其他定量遥感数据如总初级生产力(GPP)变量。测量基于遥感的树种多样性，如基于 NDVI 测量生态气候距离，与森林碳储量和物种隔离有关。该测量与树林密度、叶面积指数和落叶度有着密切联系。因此在大空间尺度上的连续测量可用于探测大尺度森林景观和生态系统服务的生物多样性模型，并可以为制定保护规划提供支持（Krishnaswamy et al., 2009）。

附录 2 描述了生物量和碳储量的关系。激光雷达经常用于量化森林中地上部分碳含量，但是由于其脚印较小，主要被用于本地尺度上。在异质性高的森林中，激光雷达在量化地上碳含量比实地测量方法更为有效（Patenaude et al.，2004）。基于激光雷达、Landsat 影像以及实测样地的高分辨率（0.1 hm^2）融合数据，可以量化秘鲁亚马孙区域的森林碳储量。Landsat 衍生的 NDVI 与基于实地的测量的城市林业碳储量有很大相关性，为进行高效益、低成本的区域森林碳制图提供了可能（Myeong et al., 2006）。

然而除了森林系统，很少有研究其他生态系统的碳储量。目前，卫星遥感数据作为输入数据，研究建立的北半球高纬度泥炭地中地表与大气间 CO_2 交换模型已经取得非常完美的成果（Schubert et al., 2010）。类似的方法也可以用于监测草原总初级生产力和 CO_2 的吸收，但是需要结合地面实测的植被物候期光谱曲线和辐射利用率（Migliavacca et al., 2011）。保护团体会发现这种方法对评价草地和泥炭地的碳储量特别有用（Green et al., 2011）。将来这会是基于 EO 数据研究碳评估方法的研究热点。

遥感在监测气候变化对生态系统影响上的作用可以在主要在指标和次要指标的观测数据之间共享。主要指标包括温度、降水和光合有效辐射吸收比例。次级指标（植被物候）是生态系统功能的关键组成部分（Thackeray et al., 2010），其也是重要的气候变化指标（Butterfield and Malstrom，2009），并且已经用实测方法观测了数十年。

遥感监测陆表植被物候期已是一个研究完善的领域，其提供了一个客观的、可重复的有助于气候变化研究的物候观测方法。然而，遥感观测的物候模式观测对象是多植被类型的生态系统而不是单一植被或树种，这导致了物候估计的不相关性以及在很难整合不同方法上的分歧。但如今使用定位的、基于数码相机传感器进行精细尺度生态系统观测已成为可能，例如，美国的研究森林区域中的数码物候（Phenocam）（Sonnentag et al., 2012）或是日本的物候眼网络（Nagai et al., 2013）。林冠尺度上监测物候对于估计森林或草原生态系统的总初级生产力有重要的影响。因此，通过实测传感器如数码相机测量的物候信息可以用于估计当地碳汇及其碳源。

主要支持的 CBD 爱知生物多样性目标：

✓爱知目标 15：到 2020 年，通过养护和恢复行动，生态系统的复原力以及生物多样性对碳储存的贡献得到加强，包括恢复至少 15% 的退化生态系统，从而有助于减缓和适应气候变化及防止荒漠化。

3.7 无人机进行生态系统监测（UAVS）

最近由于微型化、通讯、轻质材料的强度和能源供给上技术的进步，使用无人机的遥感已变得越来越普遍（Campbell，2006）。无人机可提供近地表观测并记录温度、CO_2 和湿度等环境信息。根据当地天气情况安排航班计划，无人机的快速部署为迅速分析危险区域以及难以抵达的环境区域的变化状况提供了强大的灵活性（Watts et al., 2010）。因为它们在云线以下飞行，所以无人机的观测不受云影响且不需要对图像做大气校正。无人机可被视为灵活的遥感平台，并可以安装不同的传感器以适应不同的应用，如航空摄影、光学、热红外和高光谱分析。尽管无人机观测的空间范围有限，但它经常用于原位测量，从而弥补航空和航天遥感低空间分辨率与低时间分辨率的缺陷。因此，无人机在区域尺度上模拟和监测与生物多样性有关的变量方面是一个很有效的工具。

无人机可以与卫星或其他机载传感器进行同步观测。其应用包括入侵物种制图（Wattes et al., 2010）、在果园中探测水压和灌溉效果的精细农业（Stagakis et al., 2012，Zarci-Tejada et al., 2012）和利用热红外遥感在植物冠层尺度测量温度（Berni et al., 2009）。无人机也被用于海岸带（Malthus and Mumby，2003）和河岸生境（Dunford et al.，2009）的研究中。然而，由于太阳照度和传感器移动的不一致，不同航带和时间获取的影像数据的结合还存在一些问题（Dunford et al., 2009）。

附录 4 数据库、遥感传感器、目标和指标的详细描述

附表 4.1 主流的 EO 产品用于监测生物多样性所涉及的现有的全球数据库

变量	现存数据库	机构	卫星传感器	使用权
以地面为基础	全球土地服务	欧洲航天局 / 欧共体	SPOT-VGT	开放
	分布式数据存档中心（DAACs）	美国国家航空航天局	MODIS	开放
以土地、大气和水为基础	Giovanni[5]	美国国家航空航天局戈达德地球科学	Multiple	开放
海生的	海洋颜色网站	美国国家航空航天局	Multiple	开放
陆地、大气和海洋	卫星办公室[6]和业务化产品	美国国家海洋和大气局	Multiple	开放
大气层的、海洋和陆地	地球观测数据分发平台网站	地球观测小组（GEO）	基于航空、航天和野外	开放
以地面为基础（发展中国家）	DevCoCast 网站	全球综合地球观测系统（GEOSS）	Multiple	开放

注：5：Giovanni 数据的参数数据库包括超过 4 000 个数据参数。这些参数由相应产品或传感器分类，但是由于受到空间覆盖率、使用权的受限制而需要更多处理和用户输入。与下载平台相比，拥有内置分析功能的它是一个更科学的分析工具。

6：空间覆盖率有时仅限于美国。

附表 4.2 不同空间尺度的现有土地利用数据库

变量	现存数据库	年份	机构	尺度	传感器
土地覆盖（与相关变量）	国家土地覆盖数据库（NLCD）	1992、2001、2006	USGS 地球资源观测与科学（EROS）中心	美国	Landsat
土地覆盖	全球土地覆盖（GLC）2000	2000	联合研究中心（欧盟委员会）	全球	SPOT-VGT
土地覆盖	全球土地覆盖门户	2006、2009	欧洲航天局（ESA）	全球	MERIS
土地覆盖（与相关变量）	非洲土地覆盖数据库	不同年份	美国食品与农业组织（FAO）	国家尺度（非洲国家）	多种
土地覆盖	CORINE 土地覆盖（CLC）	1990、2000、2006	欧洲环境局（EEA）	全欧洲	

附表 4.3 EBVS、爱知目标、CBD 操作指标以及相关 EO 产品的筹划

操作指标	候选 EBV	最相关的爱知目标	其他支持的爱知目标	EO 产品	首字母缩写	实地测量	关键特征
人口趋势对气候的影响趋势 提供碳储量的生境的条件和范围的现状和趋势	物候现象（植被） 物候学的 EBV 类由诸如 LAI、fAPAR 等 EBV 和一个趋势模型组成	15	8、14、10	叶面积指数（对地表物候现象）	LAI	查看标准 CEOS LPV 以测量 LAI 或全球陆地观测系统（GTOS）（冠层水平的物候现象）	重要的陆表一大气交互作用，如光合作用、蒸散发及呼吸作用
初级生产力趋势 提供碳储量的生境的条件和范围的现状和趋势		5 15		光合有效辐射吸收比例（对地表物候现象）	FAPAR	涡度相关测量 （冠层水平的物候现象）	就像植物光合作用的一个电池
生态系统状况及脆弱性趋势 生境退化 / 濒危趋势				归一化植被指数（对地表物候现象）	NDVI	通量塔与数码摄像 （冠层水平的物候现象）	探测绿色植被在红色和近红外波段反射率差异的光谱反射率比率
初级生产力趋势 提供碳储量的生境的条件和范围的现状和趋势	净初级生产力	5 15		干物质生产力	DMP	非大尺度量化干物质含量	与 NPP 直接相关，专用于农业
生态系统状况和脆弱性趋势		5		海洋颜色	n/a	不可测	浮游植物含有叶绿素
生态系统状况和脆弱性的趋势	净初级生产力	5	8、14、10	海面温度	SST	海洋气候浮标网络	取决于方法，如光学测量“皮肤”温度，雷达穿透地下
已选物种的分布趋势	迁移行为	12	5、6、9、10、11、12	分带 / 标记 / 标注以及个体观测	ICARVS	可测的	卫星或无线电标记
所选生态群落、生态系统和生境范围的趋势（决策Ⅶ/30 和Ⅷ/15）	干扰机制	5	7、9、10、11、14、15	过火区域	n/a	不可测的	火灾探测
与生物多样性有关的污染物向环境中的排放趋势		8		溢油检测	合成孔径雷达（SAR）	空间范围不可测	追踪潜在污染事件

操作指标	候选 EBV	最相关的爱知目标	其他支持的爱知目标	EO 产品	首字母缩写	实地测量	关键特征
生态系统状况和脆弱性趋势	干扰机制	5	7、9、10、11、14、15	植被状况指数	VCI	不可测	比较观测的 NDVI 与往年同一时段的值域
初级生产力趋势		5		植被生产力指数	VPI	量化气体交换（FLUXNET 全球网站）	比较观测的 NDVI 与往年同一个 10 天阶段的 NDVI 值
生态系统状况和脆弱性趋势	干扰机制	5		海面状态	n/a	近海的天气浮标	雷达散射测量（风） 雷达测高法，如 Jason-2（波长）

操作指标	已测变量	空间尺度	应用于环保	使用权	现存数据库	时间覆盖范围	产品发展水平
人口趋势对气候的影响趋势 提供碳储量的生境条件和范围的现状和趋势	LAI[m²/m²] 在几何学上被定义为单位土地面积上光合作用叶片的单面叶面积之和	全球，10°×10° 景大陆块	输入到净初级生产力模型或作为其他环境变量的关联，以解释植被 - 气候相互作用 从与趋势模型相结合的时间序列数据推出物候现象	开放使用	Geoland2	1999 至今（版本 1） 2009 至今（版本 2）	业务化的
		全球，10°×10° 图块			GEONET Cast	仅限实时	
		非洲南美大陆块			DevCoCast 网站	2007.08 至今（非洲） 2010.06 至今（南美）	
初级生产力趋势 提供碳储量的生境的条件和范围的现状和趋势	不可直接测量，但从描述植物树冠上太阳辐射的模型推断，使用遥感观测为约束条件	全球，10°×10° 图块 大陆块	输入到净初级生产力模型或与其他环境变量的关联 从一个与趋势模型相结合的时间序列推出物候现象	开放使用	Geoland2	1999 至今	业务化的
生态系统状况和脆弱性趋势退化 / 濒危生境的比例的趋势	并非生物物理变量，而是植被数量的估计	全球，10°×10° 图块	监测植被状态、健康和分布 从一个与趋势模型相结合的时间序列推出物候现象	开放使用	Geoland2	1999 至今	业务化的
		非洲和南美大陆块			GEONET Cast DevCoCast 网站	仅限实时 2007.08 至今	

操作指标	已测变量	空间尺度	应用于环保	使用权	现存数据库	时间覆盖范围	产品发展水平
初级生产力趋势 提供碳储量的生境条件和范围的现状和趋势	干物质生物量增加（生长率）表达为每公顷每天干物质公斤数	全球，10°×10°图块	识别植物生产力的反常现象并进行作物产量预估	开放使用	Geoland2	2009 至今	业务化的
		非洲和南美大陆块			GEONET Cast DevCoCast 网站	仅限实时 2007.08 至今	
生态系统状况和脆弱性趋势	叶绿素 a	区域海洋、主要海洋、主要内陆水体	与浮游生物、初级生产力和海洋食物链相关	开放使用	GMES MY OCEAN NASA OCEAN COLOR	可变	业务化的
生态系统状况和脆弱性的趋势	水面温度		确定海洋植物和动物物种分布	开放使用	PO DAAC(NASN) GMES MY OCEAN ESA CCI SST	可变	业务化的
已选物种的分布趋势	全球定位及生物物理特性	所有尺度	物种范围和栖息地、觅食行为、迁移模式	开放使用	Movebank	可变	业务化的
所选生态群落、生态系统和生境范围的趋势（决策 Ⅶ/30 和 Ⅷ/15）	烧瘢痕迹的空间范围	大陆，10°×10°图块	火灾季节的时间信息	开放使用	Geoland 2	1999 至今	业务化的
		全球			MODIS 全球过火区域产品	2000 至今	
与生物多样性有关的污染物向环境中的排放趋势	海上浮油、船只和设备	本地到区域	海洋污染代表一个生境干扰	对欧盟成员国中海事管理免费开放	CleanSeaNet 数据中心	2007 至今	业务化的
生态系统状况和脆弱性趋势	健康 / 不健康植被在正常范围内的百分比	大陆，10°×10°图块	定性基础上识别贫瘠区域 / 改良植被状态	开放使用	Geoland 2	2013 至今	业务化的

操作指标	已测变量	空间尺度	应用于环保	使用权	现存数据库	时间覆盖范围	产品发展水平
初级生产力趋势	总体植被条件	大陆，10°×10° 图块	有效用于监测植物生长季节，即作为异常变化的早期预警系统	开放使用	Geoland 2	2013 至今	业务化的
		非洲和南美大陆块			GEOCNET Cast Dev Co Cast 网站	仅限实时 2007.08 至今	
生态系统状况和脆弱性趋势	波高、方向、长度和频率	区域海洋和主要海洋	监测极端天气事件以及海洋生境干扰的可能性	开放使用	ESA Globwave(卫星及野外实测数据)Aviso（测高产品）	可变	业务化的

附表 4.4A 列举遥感在第 XI/3 号决策包含指标的发展以及 2011—2020 年生物多样性战略计划的战略目标 A 的充分性

目标	代码	操作指标	遥感可测度	量度 / 代用指标	EO 产品	附加无遥感数据	其他要求 / 标准
1. 最迟到 2020 年，人们认识到生物多样性的价值以及他们能够采取哪些措施保护和可持续利用生物多样性。							
	1	对生物多样性的认识及态度的趋势（C）	否				
	2	公众参与生物多样性的趋势（C）	否				
	3	交流项目与促进全社会责任的行动的趋势（C）	否				
2. 最迟到 2020 年，生物多样性的价值已被纳入国家和地方的发展与扶贫战略及规划进程，并正在被酌情纳入国民经济核算体系和报告系统。							
	4	国家将自然资源、生物多样性和生态系统服务价值纳入国家核算体系的趋势（B）	否				
	5	国家依据公约已评估过生物多样性价值的趋势（C）	否				
	6	经济评估工具的政策方针和应用的趋势（C）	否				

目标	代码	操作指标	遥感可测度	量度 / 代用指标	EO 产品	附加无遥感数据	其他要求 / 标准
	7	将生物多样性和生态系统服务价值整合到经济发展策略的趋势（C）	否				
	8	考虑到环境影响评价和战略环境评价中的生物多样性和生态系统服务的政策趋势（C）	否				
3. 最迟到 2020 年，消除、淘汰或改革危害生物多样性的鼓励措施 (包括补贴)，以尽量减少或避免消极影响，制定和执行有助于保护和可持续利用生物多样性的积极鼓励措施，并遵照《公约》和其他相关国际义务，顾及国家社会经济条件。							
	9	鼓励措施的数量和价值的趋势，包括津贴、对生物多样性的损害、移除、删除或逐步淘汰（B）	否				
	10	识别、评估、确立、加强对生物多样性和生态系统服务有积极贡献并处罚不利影响的鼓励措施的趋势（C）	否				
4. 最迟到 2020 年，所有级别的政府、商业和利益相关方都已采取措施，实现或执行了可持续的生产和消费计划，并将利用自然资源造成的影响控制在安全的生态阈值范围内。							
	11	被利用物种（包括物种交易）的数量与灭绝风险的趋势 (A)	是	内在增长率	地表水淹没分数，表面空气温度、土壤水分和微波植被阻光度	野外气象站数据	
	12	生态足迹和 / 或相关概念的趋势（C）	是	单位面积自然资本消耗量	专题分类		种群模型
	13	依据可持续生产与消费对生态极限的评估（C）	是	USD/hm^2	作物产量	生态系统容量	间接模型
	14	城市生物多样性的趋势	是	单位面积绿地，绿色基础设施	分类		间接
	15	生物多样性和生态系统服务被纳入组织的会计系统和报告系统程度的趋势（B）	否				

目标	代码	全球范围			区域范围			国家范围		
		空间	时间	传感器	空间	时间	传感器	空间	时间	传感器
1. 最迟到 2020 年，人们认识到生物多样性的价值以及他们能够采取哪些措施保护和可持续利用生物多样性。										
	1									
	2									
	3									
2. 最迟到 2020 年，生物多样性的价值已被纳入国家和地方的发展与扶贫战略及规划进程，并正在被酌情纳入国民经济核算体系和报告系统。										
	4									
	5									
	6									
	7									
	8									
3. 最迟到 2020 年，消除、淘汰或改革危害生物多样性的鼓励措施（包括补贴），以尽量减少或避免消极影响，制定和执行有助于保护和可持续利用生物多样性的积极鼓励措施，并遵照《公约》和其他相关国际义务，顾及国家社会经济条件。										
	9									
	10									
4. 最迟到 2020 年，所有级别的政府、商业和利益相关方都已采取措施，实现或执行了可持续的生产和消费计划，并将利用自然资源造成的影响控制在安全的生态阈值范围内。										
	11							多种	30 天	Microwave AMSR-E、Landsat
	12	低 / 中等	每月 / 每年	MODIS, Landsa, Sentinel 2	低 / 中等	每月 / 每年	MODIS, Landsat, Sentinel 3	低 / 中等	每月 / 每年	MODIS、Landsat、Sentinel 4
	13				低 / 中等	6 个月	MODIS/	低 / 中等	6 个月	MODIS/Landsat/ Sentinel 3

		全球范围			区域范围			国家范围		
目标	代码	空间	时间	传感器	空间	时间	传感器	空间	时间	传感器
	14						Landsat/ Sentinel 2	高 / 中等	每月 / 每年	IKONOS、Rapideye、Landsat、Sentienl 2
	15									

附表 4.4B　列举遥感在第 XI/3 号决策包含的指标发展以及 2011—2020 年生物多样性战略计划的战略目标 B 的充分性

目标	代码	操作指标	遥感可测度	量度 / 代用指标	EO 产品	附加无遥感数据	其他要求 / 标准
5. 到 2020 年，使所有自然生境 (包括森林) 的丧失速度至少降低一半，并在可行情况下降低到接近零，同时大幅度减少生境退化和破碎化程度。							
	16	主要生境类型中依赖栖息地的物种的灭绝风险趋势（A）	是	无			
	17	所选生态群落，生态系统和生境的范围趋势（A）	是	表面循环特征	水面垂直位移		
	18	生境退化或受威胁比例的趋势（B）	是	表面循环特征	海洋颜色、水面垂直位移		
	19	自然生境破碎度的趋势（B）	是	面积	分类、改变检测图		
	20	生态系统条件和脆弱性趋势（C）	是	生态环境脆弱性指数	空间主成分分析		海拔高度、坡度、积温、干旱指数、土地利用、植被、土壤、水 - 土侵蚀以及种群密度
	21	自然生境的转换比例的趋势（C）	是	面积	分类、变化检测图		

目标	代码	操作指标	遥感可测度	量度 / 代用指标	EO 产品	附加无遥感数据	其他要求 / 标准
	22	初级生产力趋势（C）	是	NPP	fAPAR, NDVI		
	23	受沙漠化影响的土地比例的趋势（C）	是	RUE	fAPAR, NDVI	降水	
	24	主要生境类型中依赖栖息地的物种的种群趋势（A）	是	kg/km^2, mg/cu.m	回声探测器音测图、鱼群密度、叶绿素色素	鱼、海草样品	SST
6. 到 2020 年，所有鱼群和无脊椎动物种群及水生植物都以可持续和合法的方式进行管理和捕捞，并采用基于生态系统的方式，以避免过度捕捞，同时对所有枯竭物种制订恢复计划和措施，使渔业对受威胁鱼群和脆弱生态系统不产生有害影响，将渔业对种群、物种和生态系统的影响控制在安全的生态阈值范围内。							
	25	目标和捕获水生物种濒临灭绝的趋势（A）	否				
	26	目标种群与捕获水生物种的趋势（A）	是	kg/km^2, mg/m^3	回声探测器音测图、鱼群密度、叶绿素浓度	鱼、水草样品	SST
	27	安全生物极限之外被利用的贮存部分的趋势（A）（MDG 指标 7.4）					
	28	单位捕捞努力量捕获量趋势（C）	否				
	29	捕捞能力容量趋势（C）	是	船只数量	航空影像		
	30	破坏性捕鱼方式的单位、频率和 / 或强度的趋势（C）	否				
	31	枯竭目标种群与渔获物种的恢复计划的趋势（B）	否				
7. 到 2020 年，农业、水产养殖业及林业用地实现可持续管理，确保生物多样性得到保护。							
	32	生产系统中依赖森林和农业的物种种群的趋势（B）	是	%、单位	物种图		
	33	单位输出的产量趋势（B）	是	usd/ 单位	估产		
	34	来自可持续源的产品比例趋势（C）	是	%、植被损失	分类、土地覆盖变化		
	35	可持续管理下森林、农业与水产养殖生态系统的趋势（B）	是	面积	土地覆盖图		土地占有制
8. 到 2020 年，污染，包括营养物过剩造成的污染在内，被控制在不对生态系统功能和生物多样性构成危害的范围内。							

目标	代码	操作指标	遥感可测度	量度 / 代用指标	EO 产品	附加无遥感数据	其他要求 / 标准
	36	缺氧区和水华发生率的趋势（A）	是	浮游植物浓度 *n* (mg/m^{3})	离水辐射率、海洋颜色	藻类自然资源调查目录	
	37	水生生态系统水体质量的趋势（A）	是	水成分	离水辐射率	水样	
	38	污染对有灭绝趋势的物种的影响（B）	否				
	39	污染沉积速率趋势（B）	是	米	海洋测量学		
	40	沉积物转化速率趋势 (B)	否				
	41	与生物多样性相关的污染物对环境的排放趋势（C）	是		SAR 图像、海洋颜色	确定阈值下风速	适当的光反射修正
	42	野生动物污染物含量的趋势（C）	否				
	43	消耗活动的氮足迹趋势（C）	否				
	44	自然生态系统中臭氧含量的趋势（C）	是	%(v/v)、Dobson 单位	臭氧浓度		
	45	治理后污水排放比例的趋势（C）	否				
	46	紫外线辐射水平的趋势（C）	是	UV-A, UV-B	海洋颜色	使用 AERONET/OC 网络（CIMEL）	气溶胶校正
9. 到 2020 年，查明外来入侵物种及其入侵路径并确定其优先次序，优先物种得到控制或根除，并制定措施对入侵路径加以管理，以防止外来入侵物种的引进和种群建立。							
	47	外来入侵物种对趋向灭绝的物种的影响趋势（A）	是	面积（%）	时间序列、土地覆盖图	人口动态模型	
	48	特定外来入侵物种的经济影响趋势 (B)	是	USD/ 输出	时间序列、土地覆盖图		计量经济模型
	49	外来入侵物种的数量趋势	是	面积（%）	时间序列、土地覆盖图		
	50	由外来入侵物种造成的野生动物发病率的趋势（C）	否				

目标	代码	操作指标	遥感可测度	量度 / 代用指标	EO 产品	附加无遥感数据	其他要求 / 标准
	51	控制和避免外来入侵物种的政策响应、立法及管理计划的趋势（B）	否				
	52	外来入侵物种通道管理的趋势（C）	是	面积	土地覆盖图		
10. 到 2015 年，尽可能减少由气候变化或海洋酸化对珊瑚礁和其他脆弱生态系统的多重人为压力，维护它们的完整性和功能。							
	53	珊瑚和岩礁鱼类的灭绝风险趋势（A）	是		SST、海洋颜色		
	54	气候变化对灭绝危险影响的趋势	是	摄氏度、W/（m^2·nm），	SST、海洋颜色	风速	
	55	珊瑚礁状况的趋势（B）	是	摄氏度、W/（m^2·nm），	SST、海洋颜色、日照、SAR、海洋表面	风速	
	56	脆弱生态系统的边界范围及变化率的趋势（B）	是	面积	矢量风		
	57	气候对群落成分的影响的趋势（B）	否		土地覆盖		
	58	气候对种群趋势的影响的趋势	否				

		全球范围			区域范围			国家范围		
目标	代码	空间	时间	传感器	空间	时间	传感器	空间	时间	传感器
5. 到 2020 年，使所有自然生境(包括森林)的丧失速度至少降低一半，并在可行情况下降低到接近零，同时大幅度减少生境退化和破碎化程度。										
	16									
	17	大尺度循环特征	周到月	雷达高度计	大尺度循环特征	周到月	雷达高度计			
	18			LiDAR、雷达高度计			LiDAR、雷达高度计			IKONOS、RapidEYE、GeoEYE

		全球范围			区域范围			国家范围		
目标	代码	空间	时间	传感器	空间	时间	传感器	空间	时间	传感器
	19				中等 / 高	每月 / 每年	IKONOS、RapidEYE、GeoEYE、Landsat、Sentinel 2	中等 / 高	每月 / 每年	IKONOS、RapidEYE、GeoEYE、Landsat、Sentinel 3
	20	低	年	MODIS				高	每月	IKONOS、RapidEYE、GeoEYE
	21				中等 / 高	每月 / 每年	IKONOS、RapidEYE、GeoEYE、Landsat、Sentinel 2	中等 / 高	每月 / 每年	IKONOS、RapidEYE、GeoEYE、Landsat、Sentinel 3
	22									
	23									
	24				m,km		回声探测器，Landsat、LiDAR、Aerial photography	m—km	分钟 / 天	回声探测器 / Landsat、LiDAR、Aerial photography
6. 到 2020 年，所有鱼群和无脊椎动物种群及水生植物都以可持续和合法的方式进行管理和捕捞，并采用基于生态系统的方式，以避免过度捕捞，同时对所有枯竭物种制订恢复计划和措施，使渔业对受威胁鱼群和脆弱生态系统不产生有害影响，将渔业对种群、物种和生态系统的影响控制在安全的生态阈值范围内。										
	25									
	26				m,km		回声探测器、声呐、LiDAR、航空摄影	m—km	分钟 / 天	回声探测器、声呐、LiDAR、航空摄影
	27									
	28									
	29									航空
	30									
	31									

目标	代码	全球范围			区域范围			国家范围		
		空间	时间	传感器	空间	时间	传感器	空间	时间	传感器
7. 到 2020 年，农业、水产养殖业及林业用地实现可持续管理，确保生物多样性得到保护。										
	32							高分辨率	年	IKONOS、RapidEYE
	33							高分辨率	年	IKONOS、RapidEYE
	34							高分辨率	年	IKONOS、RapidEYE
	35	低 / 中等	年	MODIS/Landsat	低 / 中等	年	MODIS/Landsat	低 / 中等	年	MODIS/Landsat
8. 到 2020 年，污染，包括营养物过剩造成的污染在内，被控制在不对生态系统功能和生物多样性构成危害的范围内。										
	36	km^2	周 - 月	MODIS、Sentinel 3(OLCI)	km^2	周 - 月	MODIS、Sentinel 3	km^2	周 - 月	MODIS、Sentinel 3
	37	km^2	周 - 月	MODIS、Sentinel 3(OLCI)	km^2	周 - 月	MODIS、Sentinel 3	km^2	周 - 月	MODIS、Sentinel 3
	38									
	39									航空、深海探测法 LiDAR
	40									
	41	10cm—m		SAR、Sentinel 1	10cm—m		SAR/Sentinel 1	10cm—m		SAR/Sentinel 1
	42									
	43									

		全球范围			区域范围			国家范围		
目标	代码	空间	时间	传感器	空间	时间	传感器	空间	时间	传感器
	44		1 或 8 天	臭氧总量绘图光谱仪（TOMS）、太阳向后散射紫外分光光度计(SBUV) 以及全球臭氧监测实验（GOME）						
	45									
	46			CIMEL			CIMEL			CIMEL
9. 到 2020 年，查明外来入侵物种及其入侵路径并确定其优先次序，优先物种得到控制或根除，并制定措施对入侵路径加以管理，以防止外来入侵物种的引进和种群建立。										
	47							中等 / 高	年	IKONOS、RapidEYE
	48							中等 / 高	年	IKONOS、RapidEYE
	49							中等 / 高	年	IKONOS、RapidEYE
	50									
	51									
	52							中等 / 高	年	IKONOS、RapidEYE
10. 到 2015 年，尽可能减少由气候变化或海洋酸化对珊瑚礁和其他脆弱生态系统的多重人为压力，维护它们的完整性和功能。										
	53	10cm—km^2	天—月	MODIS、SAR	10cm—km^2	天—月		10cm—km^2	天—月	
	54	10cm—km^2	天—月	MODIS、SAR	10cm—km^2	天—月		10cm—km^2	天—月	
	55	10cm—km^2	天—月	MODIS、SAR	10cm—km^2	天—月		10cm—km^2	天—月	

		全球范围			区域范围			国家范围		
目标	代码	空间	时间	传感器	空间	时间	传感器	空间	时间	传感器
	56	10cm—km^2	天—月	MODIS、SAR	10cm—km^2	天—月		10cm—km^2	天—月	
	57									
	58									

附表 4.4C　列举遥感在第 XI/3 号决策包含的指标的发展以及 2011—2020 年生物多样性战略计划的战略目标 C 的充分性

目标	代码	操作指标	遥感可测度	量度 / 代用指标	EO 产品	附加无遥感数据	其他要求 / 标准
11. 到 2020 年，至少有 17% 的陆地和内陆水域以及 10% 的海岸和海洋区域，尤其是对于生物多样性和生态系统服务具有特殊重要性的区域，通过建立有效而公平管理的、生态上有代表性和连通性好的保护区系统和其他基于区域的有效保护措施而得到保护，并被纳入更广泛的陆地景观和海洋景观。							
	59	保护区覆盖范围的趋势 (A)	是	面积	Landsat	地籍 DB	
	60	海洋保护区范围、关键生物多样性区域覆盖范围及管理效能的趋势 (A)	是	面积	时间序列		
	61	保护区条件和 / 或管理效能（包括更公正的管理）的趋势 (A)	是	面积	土壤湿度、物候		
	62	保护区和其他包括对生物多样性重要的区域与陆地、海洋及内陆水系统的区域中典型覆盖的趋势（A）	是	面积	Landsat		
	63	连接保护区和其他基于保护区整合到景观与海景中方法的趋势（B）	是	面积	Landsat		
	64	生态系统服务的给予和从保护区得到公平的趋势（C）	是	面积		社会经济数据	基线数据

目标	代码	操作指标	遥感可测度	量度 / 代用指标	EO 产品	附加无遥感数据	其他要求 / 标准
12. 到 2020 年，防止已知受威胁物种遭受灭绝，且使其保护状况 (尤其是其中减少最严重的物种的保护状况) 得到改善和维持。							
	65	特定物种的丰富度的趋势（A）	是	mm	土地覆盖		降雨
	66	物种灭绝风险的趋势（A）	是	mm	土地覆盖 物种组成		降雨
	67	特定物种的分布的趋势（B）	是	面积	土地覆盖		冠层结构
13. 到 2020 年，保持栽培植物、养殖和驯养动物及野生近缘物种，包括其他社会经济以及文化上宝贵的物种的遗传多样性，同时制定并执行减少遗传侵蚀和保护其遗传多样性的战略。							
	68	栽培植物、养殖和驯化动物的基因多样性以及它们的野生亲缘关系的趋势（B）	否				
	69	被选择物种的基因多样性趋势	否				
	70	实施一些有效的政策机制以减少遗传冲刷并保卫与动植物基因库有关的基因多样性的趋势（B）	否				

		全球范围			区域范围			国家范围		
目标	代码	空间	时间	传感器	空间	时间	传感器	空间	时间	传感器
11. 到 2020 年，至少有 17% 的陆地和内陆水域以及 10% 的海岸和海洋区域，尤其是对于生物多样性和生态系统服务具有特殊重要性的区域，通过建立有效而公平管理的、生态上有代表性和连通性好的保护区系统和其他基于区域的有效保护措施而得到保护，并被纳入更广泛的陆地景观和海洋景观。										
	59	低 / 中等	月 / 年	MODIS/Landsat/sentinel2	低 / 中等	月 / 年	MODIS/Landsat/sentinel2	低 / 中等	月 / 年	MODIS/Landsat/sentinel3
	60	低 / 中等	月 / 年	MODIS/Landsat/sentinel3	低 / 中等	月 / 年	MODIS/Landsat/sentinel3	低 / 中等	月 / 年	MODIS/Landsat/sentinel4
	61	低 / 中等	每天	AVIRIS、WindSat、AMSR-E、RADARSAT、ERS-1-2、Metop/ASCAT	低 / 中等	每天	AVIRIS、WindSat、AMSR-E、RADARSAT、ERS-1-2、Metop/ASCAT	低 / 中等	每天	AVIRIS、WindSat、AMSR-E、RADARSAT、ERS-1-2、Metop/ASCAT

目标	代码	全球范围			区域范围			国家范围		
		空间	时间	传感器	空间	时间	传感器	空间	时间	传感器
	62	低 / 中等	月 / 年	MODIS/Landsat/sentinel3	低 / 中等	月 / 年	MODIS/Landsat/sentinel3	低 / 中等	月 / 年	MODIS/Landsat/sentinel4
	63	低 / 中等	月 / 年	MODIS/Landsat/sentinel3	低 / 中等	月 / 年	MODIS/Landsat/sentinel3	低 / 中等	月 / 年	MODIS/Landsat/sentinel4
	64	低 / 中等	月 / 年	MODIS/Landsat/sentinel3	低 / 中等	月 / 年	MODIS/Landsat/sentinel3	低 / 中等	月 / 年	MODIS/Landsat/sentinel4
12. 到 2020 年，防止已知受威胁物种遭受灭绝，且使其保护状况（尤其是其中减少最严重的物种的保护状况）得到改善和维持。										
	65							1 ～ 30m	2 ～ 16 天	casi, sentinel, LiDAR
	66							1 ～ 30m	2 ～ 16 天	casi, sentinel, LiDAR
	67							1 ～ 30m	2 ～ 16 天	slicer/elvis
13. 到 2020 年，保持栽培植物、养殖和驯养动物及野生近缘物种，包括其他社会经济以及文化上宝贵的物种的遗传多样性，同时制定并执行减少遗传侵蚀和保护其遗传多样性的战略。										
	68									
	69									
	70									

附表 4.4D　列举遥感在第 XI/3 号决策包含的指标的发展以及 2011—2020 年生物多样性战略计划的战略目标 D 的充分性

目标	代码	操作指标	遥感可测度	量度 / 代用指标	EO 产品	附加无遥感数据	其他要求 / 标准
14. 到 2020 年，提供重要服务（包括与水相关的服务），使有助于健康、生计和福祉的生态系统得到恢复和保障，同时顾及妇女、土著和地方社区以及贫穷和弱势群体的需要。							
	71	使用淡水资源总数的比例趋势（A）（MDG 指标 7.5）	否			大型流域的季节性水位	
	72	使用改良水利产业的种群比例趋势（A）（MDG 指标 7.8 和指标 7.9）	否			国家数据统计趋势	
	73	人们从特定的生态系统服务中获益的趋势（A）	是	如授粉可能性	土地覆盖 / 土地利用	物种 / 数量建模	食物供应
	74	提供生态系统服务的种群趋势及物种的濒危趋势（A）	否				
	75	提供多种生态系统服务的趋势（B）	是	变化率	时间序列	社会经济数据	
	76	特定的生态系统服务的经济与非经济价值趋势（B）	是	NPP, 面积 ,FPAR,PAR	地面生物量、季节生产力和碳固定		
	77	直接依赖当地生态产品与服务的群体健康与幸福趋势 (B)	否			健康与社会经济指标、营养措施、粮食供应	
	78	水或自然资源等相关灾害造成的人员与经济损失趋势 (B)	是	USD	土地覆盖	社会经济数据	
	79	生物多样性的营养贡献：食物组成的趋势（B）	是	面积	土地覆盖	农业输出	
	80	新兴动物传染病的发病率趋势（C）	是	面积	水体		瘴气
	81	总财富趋势（C）	是	面积、单位	城市化地图	社会经济数据	
	82	生物多样性的营养贡献：食物消耗的趋势（C）	是	单位	农业、产量		

目标	代码	操作指标	遥感可测度	量度 / 代用指标	EO 产品	附加无遥感数据	其他要求 / 标准
	83	五岁以下儿童体重不足的盛行趋势（C）	否			儿童体重测试的国家数据统计时间序列	
	84	自然资源冲突趋势（C）	是	单位、面积	矿山测量图、砍伐森林地图		
	85	特定的生态系统服务的条件趋势（C）	是	面积	土地覆盖、时间序列		
	86	生物容量趋势（C）	否				
	87	退化生态系统区域修复或被修复的趋势（B）	是	面积	土地覆盖、时间序列		
15. 到 2020 年，通过养护和恢复行动，生态系统的复原力以及生物多样性对碳储存的贡献得到加强，包括恢复至少 15% 的退化生态系统，从而有助于减缓和适应气候变化及防止荒漠化。							
	88	提供碳储量的生境条件和范围的现状和趋势（A）	是	NPP、面积、FPAR、PAR	土地覆盖、物种组成、地面生物量、季节性生产力和碳固定	碳模型	
	89	森林恢复中依赖森林生存的物种的种群趋势（C）	是	面积（%）	时间序列、土地覆盖图	种群动态模型	
16. 到 2015 年，《关于获取遗传资源以及公正和公平地分享其利用所产生惠益的名古屋议定书》(以下简称《名古屋议定书》) 已经根据国家立法生效并实施。							
	90	通过 ABS 进程制定 ABS 指标（B）	否				

		全球范围			区域范围			国家范围		
目标	代码	空间	时间	传感器	空间	时间	传感器	空间	时间	传感器
14. 到 2020 年，提供重要服务（包括与水相关的服务），使有助于健康、生计和福祉的生态系统得到恢复和保障，同时顾及妇女、土著和地方社区以及贫穷和弱势群体的需要。										
	71									
	72									

		全球范围			区域范围			国家范围		
目标	代码	空间	时间	传感器	空间	时间	传感器	空间	时间	传感器
	73				中等 / 高	30 天	IKONOS, RapidEYE Landsat Sentinel2	中等 / 高	30 天	IKONOS, RapicEYE Landsat Sentine 3
	74									
	75	低 / 中等	15、30、180、365 天	MODIS、Landsat、Sentinel2	低 / 中等	15、30、180、365 天	MODIS、Landsat Sentinel3	低 / 中等	15、30、180、365 天	MODIS/Landsat/ Sentinel4
	76	低 / 中等		MODIS	低 / 中等	每天	MODIS	低 / 中等	每天	MODIS
	77									
	78							vhr/ 高	1 天	aerial/ IKONOS
	79				中等	30 天	Landsat /Sentinel2	中等	30 天	Landsat /Sentinel2
	80				中等	30 天	雷达			
	81							高	年	IKONOS、GeoEYE
	82				中等	30 天	Landsat Sentinel2	中等	30 天	Landsat Sentine2
	83									Landsat Sentine 2
	84							中等	年	Landsat Sentine2
	85							中等	年	Landsat Sentine 2
	86									
	87							中等	年	Landsat Sentine 2

目标	代码	全球范围			区域范围			国家范围		
		空间	时间	传感器	空间	时间	传感器	空间	时间	传感器
15. 到 2020 年，通过养护和恢复行动，生态系统的复原力以及生物多样性对碳储存的贡献得到加强，包括恢复至少 15% 的退化生态系统，从而有助于减缓和适应气候变化及防止荒漠化。										
	88	低 / 中等	每天	MODIS	低 / 中等	每天	MODIS	低 / 中等	每天	MODIS
	89							中等 / 高	年	RapidEYE、IKONOS
16. 到 2015 年，《关于获取遗传资源以及公正和公平地分享其利用所产生惠益的名古屋议定书》(以下简称《名古屋议定书》)已经根据国家立法生效并实施。										
	90									

附表 4.4E　列举遥感在第 XI/3 号决策包含的指标的发展以及 2011—2020 年生物多样性战略计划的战略目标 E 的充分性

目标	代码	操作指标	遥感可测度	量度 / 代用指标	EO 产品	附加无遥感数据	其他要求 / 标准
17. 到 2015 年，各缔约方已经制定、作为政策工具通过和开始执行一项有效的、参与性的最新国家生物多样性战略与行动计划。							
	91	实施国家生物多样性战略和行动计划（包括开发、综合、采用及实施）的趋势 (B)	是	面积	Landsat	土地占有制	REDD
18. 到 2020 年，与生物多样性保护和可持续利用有关的土著和地方社区的传统知识、创新和做法以及他们对生物资源的习惯性利用得到尊重，并纳入和反映到《公约》的执行中，这些应与国家立法和国际义务相一致，并有土著和地方社区在各级层次的充分和有效参与。							
	92	土著及地方团体传统领土的土地利用变化和土地占有制的趋势 (B)	是	面积	Landsat	土地占有制、土著地区地图	REDD
	93	传统职业的实践趋势 (B)	是	面积	Landsat	土地占有制、土地利用变化分析、从事传统行业人口比例的改变	REDD

目标	代码	操作指标	遥感可测度	量度 / 代用指标	EO 产品	附加无遥感数据	其他要求 / 标准
	94	在国家战略计划的实施中，传统知识和实践通过本土及地方团体全面的整合保卫及有效的参与受到推崇的趋势 (B)	否			本土组织的存在与国家层面决策的联系，许多法律在国家水平保护土著权利和资源	
	95	语言多元化和本国语言使用者数量的趋势 (B)	否			国家尺度统计、初等教育系统中本土语言数量	
19. 到 2020 年，已经提高、广泛分享和转让并应用与生物多样性及其价值、功能、状况和变化趋势，以及与生物多样性丧失可能带来的后果有关的知识、科学基础和技术。							
	96	全球条件下相关政策的综合评估（包括能力建设、知识转化以及吸收政策的趋势）的覆盖率趋势 (B)	否				
	97	许多保存物种被用于实施《公约》（C）	否				
20. 最迟到 2020 年，依照“资源动员战略”中综合和商定的进程，有效执行《生物多样性战略计划（2011—2020 年）》使各种渠道筹集的财务资源较目前水平有大幅提高。这一目标将视各缔约方制定和报告的资源需求评估而发生变化。							
	98	第 X/3 号决策的指标	否				

		全球范围			区域范围			国家范围		
目标	代码	空间	时间	传感器	空间	时间	传感器	空间	时间	传感器
17. 到 2015 年，各缔约方已经制定、作为政策工具通过和开始执行一项有效的、参与性的最新国家生物多样性战略与行动计划。										
	91							低 / 中等	一年	MODIS, Landsat, Sentinel2
18. 到 2020 年，与生物多样性保护和可持续利用有关的土著和地方社区的传统知识、创新和做法以及它们对生物资源的习惯性利用得到尊重，并纳入和反映到《公约》的执行中，这些应与国家立法和国际义务相一致，并有土著和地方社区在各级层次的充分和有效参与。										
	92							低 / 中等	一年	MODIS , Landsat, Sentinel2
	93							低 / 中等	一年	MODIS, Landsat, Sentinel2
	94									

		全球范围			区域范围			国家范围		
目标	代码	空间	时间	传感器	空间	时间	传感器	空间	时间	传感器
	95									
19. 到 2020 年，已经提高、广泛分享和转让并应用与生物多样性及其价值、功能、状况和变化趋势，以及与生物多样性丧失可能带来的后果有关的知识、科学基础和技术。										
	96									
	97									
20. 最迟到 2020 年，依照“资源动员战略”中综合和商定的进程，有效执行《生物多样性战略计划（2011—2020 年）》使各种渠道筹集的财务资源较目前水平有大幅提高。这一目标将视各缔约方制定和报告的资源需求评估而发生变化。										
	98									

附表 4.5　现存卫星和遥感传感器以及它们在追踪爱知生物多样性目标进程中的潜在应用

爱知目标	种类	卫星	传感器	数据产品（如原始数据或派生数据）	针对爱知目标的使用	来源
4、15	光学 / 被动 低空间分辨率 高时间分辨率	温室气体观测卫星（GOSAT）	热辐射和近红外传感器进行碳观测 - 傅里叶变换光谱仪 (TANSO-FTS) 热辐射和近红外传感器碳观测 - 云气溶胶成像仪 (TANSO-CAI)	辐射率 云量 CO_2 和 CH_4 绘制（丰富、垂直混合、浓度与垂直剖面） CO_2 流量和 3-D 分布浓度图 归一化植被指数 (NDVI) 全球辐射分布 晴空反射率	监测自然资源消耗的影响以及使用碳排放与植被条件结合监测的产品的影响、 衡量碳储量	日本航空航天研究开发机构 (JAXA)
	光学 / 被动 中等时空分辨率	碳轨道观测卫星（OCO）	三个高分辨率光栅光谱仪；特性和其他传感器 TBA	轨道校准辐射率 轨道几何定位 i 全球 Xco2 全球 CO_2 源与汇	监测自然资源消耗的影响以及使用碳排放与植被条件结合监测的产品的影响、 衡量碳储量	美国国家航空航天局（NASA）
5、11	光学 / 被动 中 - 高时空分辨率	中巴地球资源卫星（CBERS）1/2/2b/3/4/4b	(1, 2 & 3) 宽视场成像仪（WFI）；中等分辨率摄像机 (CCD)；红外多光谱线扫描仪 (IRMSS) (3) 高分辨率全色相机 (HRC)；(3 & 4) 改进的宽视场成像仪 (AWFI); IRMSS; 全色多光谱相机 (PANMUX) (4b) TBA	多光谱图像	大尺度生境制图 保护区监测	巴西国家太空属 (INPE)、中国空间技术社科院，中国国家航天和巴西航天局

爱知目标	起始 - 结束（若已结束）年份	地理覆盖范围	重访周期 /d	空间分辨率 /m	可用性	缺点 / 局限
4、15	2009（预期 5 年后结束）	全球 - 大气	3	500 ～ 1 500	免费使用： 目前只有一个 ACOS 的 ACOS_L2S 产品是公开的。它是包含物理反演中 CO_2 平均含量的二级产品，其单位为干燥空气的摩尔分数。 限制： 1B 级产品（定标后辐射率和地理位置）是 ACOS 2 级产品进程的输入，目前因 JAXA 和 NASA 之间的合作协议而受限制	并非所有数据都是可用的 主要目标是 GHGs 大气监测而非地球观测 并非生物多样性监测的独立资源，需要模型和其他遥感与非遥感数据的结合
	2014	全球 - 大气	16	TBA—中等 / 中等	免费使用	- 最初在 2009 年发射失败，第二次发射推迟到 2011—2014 年
5、11	(1) 1999—2003; (2)2003; (2b) 2007—2010; 3 (2013); 4(2014); 4b (2016)	全球	3、5、26	(1&2) 20 (2b) 2.7 (3&4) 5 (4b) TBA	免费面向所有中国和巴西人民	并非生物多样性监测的独立资源，需要与其他数据、模型和领域的信息的结合。 云覆盖和雾霾为光学传感器监测带来挑战。 超高分辨率 (VHR) 光学数据集已用于全面测试开发，即使无云影像也受混合像元和阴影的限制。 缺少短波红外波段、过多描述噪声的数据规定以及提取所需指标的挑战。 有限的可用性，也许采购加工的过于昂贵且耗费时间

爱知目标	种类	卫星	传感器	数据产品（如原始数据或派生数据）	针对爱知目标的使用	来源
5、6、9、10、11、12、14、15	光学 / 被动 中 - 高空间分辨率 高时间分辨率	Landsat1 ～ 5, 7 ～ 8	（1-7）多光谱扫描仪 （4-5）专题制图仪（TM） （7）增强型专题制图仪（ETM） （MSS）（8）陆地成像仪（OLI）；热红外传感器（TIRS）	气候数据记录（CDR） 如地表反射率、地表温度 基本气候变量（ECV）：叶面积指数、过火面积、积雪覆盖面积、地表水范围、归一化植被指数（NDVI）（4 ～ 5, 7）水深测量、海洋颜色、SST	保护区监测 生境制图及变化探测 - 捕捉宽度 - 破碎作用的空间模式 评估生境退化情况 - 荒漠化 - 海洋酸化 生物多样性评估 - 总物种丰富度和多样性指标 - 追踪物种分布 生态监测 - 测绘生态系统 - 评估生态系统功效 土地覆盖 / 土地覆盖变化 - 量化森林干扰和在声场速度及程度 追踪压力和威胁 - 干扰探测 修复项目	美国地质调查局（USGS)/NASA/全球土地覆盖研究部 (GLCF)
		Terra	ASTER	与 Landsat 相同	与 Landsat 相同	NASA/ 日本经济贸易产业省（METI）
5、6、9、10、11、12、14、15		ALOS	AVNIR2	基本气候变量 (ECV): 叶面积指数、过火面积、积雪覆盖面积、地表水范围、归一化植被指数（NDVI）(4 ～ 5, 7) 水深测量、海洋颜色	同 Landsat	JAXA
		SPOT	(1 ～ 3) HRV (4) HRVIR (5) HRG	同上	同 Landsat	CNES

爱知目标	起始 - 结束（若已结束）年份	地理覆盖范围	重访周期 /d	空间分辨率 /m	可用性	缺点 / 局限
5、6、9、10、11、12、14、15	(1) 1972 (4)1982–1993, (5) 1994 (7) 1999	全球	(4 ～ 7) 16 天	(4 ～ 5) 30 m+ (8) 15m+	Landsat4 ～ 5：免费使用 Landsat5 和 7：商业和免费使用 Landsat8：每天至少收集 400 景，影像获得后 24 小时内放入 USGS 以供下载使用	Landsat 表面反射 CDR 产品被认为是临时的； 在极端干旱和积雪覆盖的地区、低太阳高度角地区、土地与毗邻水域关联很小的沿海地区以及大量云覆盖地区不能有效捕获好的照片 使用者必须仔细地修正从高纬度地区获得的数据（> 南北纬 65°） 比起卫星光学传感器不能提供生境性质、物种分布和小尺度干扰信息。这在物种变化上、监测 / 预测生物多样性趋势上并不是独立资源，而是需要用于与其他数据、模型和领域的信息的结合
	1999 年至今	全球	16 天（天顶观测点）	15m+	商业使用	同 Landsat
5、6、9、10、11、12、14、15	2007—2011	全球	46 天（天顶观测点）	10m	商业使用	同 Landsat
	(1 ～ 3) 1986—1996 (4) 1998 (5) 2002	全球	26 天（天顶观测点）	(1 ～ 3) 20 m (4) 20m (5) 10 m	商业使用	同 Landsat

爱知目标	种类	卫星	传感器	数据产品（如原始数据或派生数据）	针对爱知目标的使用	来源
5、9、11、12	主动 中 - 高时空分辨率	多应用功能合成孔径雷达 (MAPSAR)	L 波段合成孔径雷达 (SAR)	无云的多光谱影像	景观监测 监测景观和灾害事件 资源勘测 保护区监测 景观监测 生境制图和变化检测 - 基于 3D 结构识别结构复杂的生境（如森林） - 获取地面生物量及结构（如高度、覆盖度） - 评估生境条件 评估生境退化作用 - 在结构化环境内（冠层）生物多样性评估 - 复杂三维结构的生境（如森林）内动植物多样性 追踪压力、威胁及干扰 - 检测枯立木 - 由火灾造成的砍伐和其他损伤模式	巴西国家太空属 (INPE) 和德国宇航中心 (DLR)

爱知目标	起始 - 结束（若已结束）年份	地理覆盖范围	重访周期 /d	空间分辨率 /m	可用性	缺点 / 局限
5、9、11、12	TBA	全球	7	3 ～ 20	TBA	目前虽然未知但似乎和其他 SAR 传感器有相似的限制，且不能成为监测生物多样性的独立产品，而是需要与其他数据、模型和实测的信息结合； L 波段合成孔径雷达不能同时提供高分辨率和覆盖范围

爱知目标	种类	卫星	传感器	数据产品（如原始数据或派生数据）	针对爱知目标的使用	来源
5、6、10、11、15	光学 / 被动 较粗空间分辨率 高时间分辨率	Terra 和 Aqua	高级星载热发射反射辐射仪 (ASTER) 云层及地球辐射能量系统 (CERES) 多角度成像光谱仪 (MISR) 中分辨率成像光谱仪（MODIS） 对流层污染测量仪（MOPITT）	测量陆地、海洋、大气、冰冻圈和校正参数的大量数据产品都来源于 Terra 和 Aqua 传感器	监测地球大气、陆地、海洋和辐射能 包括： - 测量低层大气的气体并追踪其源头 - 测量海洋参数、循环、温度、颜色等 大规模的生境监测和退化作用 - 区域生态变化及气候变化的早期预警（光合作用） 包括： - 珊瑚礁监测 - 比较植物生产力与二氧化碳和其他重要温室气体以及全球温度变化趋势，使科学家能够更好地预测气候变化将如何影响地球生态系统 追踪压力和威胁（火灾与光合作用） - 识别并监测海洋酸化 - 估量特定人类活动如生物体燃烧、森林砍伐将如何促进气候改变 - 森林砍伐实时警报 保护区监测	圣地亚哥大学 (SDSU)/NASA

爱知目标	起始 - 结束（若已结束）年份	地理覆盖范围	重访周期 /d	空间分辨率 /m	可用性	缺点 / 局限
5、6、10、11、15	Terra: 1999 Aqua: 2002	全球	16	ASTER (15 ～ 90) MISR (250 ～ 275) MODIS (250 ～ 1 000) CERES (20 000) MOPITT (22 000 在最低点）	免费使用	- 在物种变化上监测 / 预测生物多样性趋势并不是独立资源，需要用于与其他数据、模型和实测的信息的结合。 - 粗分辨率 - 云量和雾霾为光学传感器的监测带来了挑战

爱知目标	种类	卫星	传感器	数据产品（如原始数据或派生数据）	针对爱知目标的使用	来源
5、11、12	主动 中 - 高空间分辨率 中 - 低空间分辨率	先进陆地观测卫星 - 相控阵型 L 波段合成孔径雷达 (ALOS-PALSAR)	全色遥感立体测绘仪 (PRISM)；先进可见光红外辐射仪 2 (AVNIR-2)；相控阵型长波段合成孔径雷达 (PALSAR)	PALSAR 数据是双重极化、HH 与 HV 模式。HH 波段（红和绿）与 HV 波段（蓝）可用于可视化土地利用模式。后向散射系数或后向散射截面积也由灰度图像提供	监测景观和灾害事件 资源勘测 保护区监测 景观监测 生境制图和变化检测 - 基于 3D 结构识别结构复杂的生境（如森林） 评估生境退化作用 - 在结构化环境内（冠层）生物多样性评估 - 复杂三维结构的生境（如森林）内动植物多样性 追踪压力、威胁及干扰 - 检测枯立木 - 由火灾造成的砍伐和其他损伤模式	日本宇宙航空研究开发机构（JAXA）

爱知目标	起始 - 结束（若已结束）年份	地理覆盖范围	重访周期 /d	空间分辨率 /m	可用性	缺点 / 局限
5、11、12	大约 2007 年；完成于 2011 年	全球	46	10	免费使用	- 在物种变化上监测 / 预测生物多样性趋势并不是独立资源，需要用于与其他数据、模型和实测信息的结合。 - 不能同时提供高分辨率和大覆盖范围

爱知目标	种类	卫星	传感器	数据产品（如原始数据或派生数据）	针对爱知目标的使用	来源
5、10、11、12、14、15	主动 低时空分辨率	ENVISAT	先进的合成孔径雷达（ASAR）； 中等分辨率成像光谱仪（MERIS）	全球覆盖计划 水深测量 海平面高度 (SSH) 海水的颜色（可以转化为叶绿素色素浓度、悬浮颗粒物浓度和加海洋上方的气体） 云型、顶层高度和反照率 大气顶层和大气底层植被指数 光合有效辐射 表面压力 所有表面的大气气柱中的水蒸气含量 陆地和海洋气溶胶负载 植被指数 光合有效辐射吸收比例（FAPAR）	保护区监测 景观监测 生境制图和变化检测 - 基于三维结构识别结构复杂的生境（如森林） - 珊瑚礁监测 评估生境退化作用 - 在结构化环境内（冠层）生物多样性评估 - 复杂三维结构的生境（如森林）内动植物多样性 追踪压力、威胁及干扰 - 检测枯立木 - 由火灾造成的砍伐和其他损伤模式 - 识别并监测海洋酸化 生态系统监测 灾害管理 - 检测石油泄漏 - 监测洪水、滑坡、火山喷发 - 协助森林灭火	欧洲航天局（ESA）

爱知目标	起始 - 结束（若已结束）年份	地理覆盖范围	重访周期 /d	空间分辨率 /m	可用性	缺点 / 局限
5、10、11、12、14、15	2002.3—2012 全球覆盖计划 2005—2006; 2009	全球	35	300m	国际雷达卫星可用于商业	- 在物种变化上监测 / 预测生物多样性趋势并不是独立资源，需要用于与其他数据、模型和实测信息的结合。 - 不能同时提供高分辨率和覆盖范围（扫描宽度）

爱知目标	种类	卫星	传感器	数据产品（如原始数据或派生数据）	针对爱知目标的使用	来源
5、10、11、12、14、15	主动 高时空分辨率	激光雷达（LiDAR）遥感	激光扫描仪和光电探测器 / 光学接收器	点云：由激光束打到的具有精确位置信息的单点构成的三维密集点集合，同时还包含了激光路径和激光反射强度（类似于波谱反射率，只是更加密集。不同于光学传感器，激光雷达不受云和大气的影响）	保护区监测 生境制图和变化检测 - 基于植被冠层结构识别复杂的生境（如森林） 评估生境退化作用 - 在结构化环境内（冠层）生物多样性评估 - 复杂三维结构的生境（如森林）内动植物多样性 追踪压力、威胁及干扰 - 检测枯立木 - 由火灾造成的砍伐和其他损伤模式	多种

爱知目标	起始 - 结束（若已结束）年份	地理覆盖范围	重访周期 /d	空间分辨率 / m	可用性	缺点 / 局限
5、10、11、12、14、15	变化	区域（来自 GLAS 可用的全球数据，但采样稀疏）	1+	0.1 ～ 10	商业使用及对特殊案例可以免费使用。免费数据来源包括 USGS 和大学 / 机构收集	- 尽管其在世界范围普及发展，目前并没有广泛、有效或高效地使用 - 全球尺度不可用 - 如果不是已有可用数据，获得数据将十分昂贵，因为需要飞机、操作相机、软件、专业知识等 - 需要特定格式、导入和对处理数据计算成本及技术的挑战大，研究范围越大耗费时间越多，高代价使其在其他方面无法使用 -LIDAR 数据软件处理包并没有与 LiDAR 技术进步同步，尤其是在自动分类和植被制图上 - 对目标进行飞行活动和 / 或对现有数据使用标准算法时必须进行定标，因为大多数 LiDAR 传感器亮度并没有校准；没有校准亮度的 LiDAR 对生境及物种监测作用甚小 - 生物多样性监测并不是独立资源；点云用于收集其他地理空间产品，如数字高程模型、冠层模型、建筑物模型以及监测 / 预测物种变化趋势，需要建模和实测信息的结合

爱知目标	种类	卫星	传感器	数据产品（如原始数据或派生数据）	针对爱知目标的使用	来源
5、11、12、14、15	主动 低 - 高空间分辨率 中 - 高时间分辨率	雷达卫星 1&2 RCM	合成孔径雷达 (SAR)	具变化检测能力的无云影响的多光谱图像	保护区监测 资源管理 - 林业 - 监测成长和其他变化 水文学 - 监测水利用 / 消耗 海洋学 - 绘制海冰分布 海事监控——改善船舶导航 地质学 气象学 生态环境监测 灾害管理 - 监测洪水、滑坡、火山爆发 - 协助森林灭火 可持续发展 精细生境到大尺度生境制图和变化探测 - 基于植被冠层结构识别结构复杂的生境（如森林） 评估生境退化作用 - 结构化环境内（冠层）生物多样性评估 复杂三维结构的生境（如森林）内动植物多样性 追踪压力、威胁及干扰 - 检测枯立木 - 由火灾造成的砍伐和其他损伤模式	加拿大政府 / 加拿大太空局

爱知目标	起始 - 结束（若已结束）年份	地理覆盖范围	重访周期 /d	空间分辨率 /m	可用性	缺点 / 局限
5、11、12、14、15	(1) 1995—2012 (2) 2007 (最少持续 7 年) 星座计划于 2018 年发射	全球	RS-1 &-2 (24) RCM (12)	(RS-1) & 8～100m (RS-2 & RCM) 3～100m / 1 + 聚束模式	商业使用	- 在物种变化上监测 / 预测生物多样性趋势并不是独立资源，需要用于与其他数据、模型和实测信息的结合。 - 通常不足以用于大尺度的精细生境制图，基本不能同时提供高分辨率和宽覆盖率。 VHR 和高分辨率数据集具有阴影和混合像元的问题，获取及处理昂贵且耗时

爱知目标	种类	卫星	传感器	数据产品（如原始数据或派生数据）	针对爱知目标的使用	来源
5、9、10、11、12	光学 / 被动 高空间分辨率 高时间分辨率	IKONOS	高分辨率立体成像传感器（基于卫星的相机）	可用的全色（PAN）或多光谱 (MS) 影像	保护区监测 生态监测 生境制图和变化检测 - 绘制连续的、小尺度且同质的生境、群落交错或拼接区域（如珊瑚礁） 评估生境退化 - 识别小尺度森林退化 生物多样性评估 - 所有物种的丰富度和多样性指标 - 描绘物种级别的树冠 / 树丛范围 追踪压力与威胁 - 小尺度干扰探测 - 海洋酸化识别及监测	GeoEYE

爱知目标	起始 - 结束（若已结束）年份	地理覆盖范围	重访周期 /d	空间分辨率 /m	可用性	缺点 / 局限
5、9、10、11、12	1999	全球	1～3	1 (PAN)～4 (MS)	商业使用	- 在物种变化上监测 / 预测生物多样性趋势并不是独立资源，需要用于与其他数据、模型和实测信息的结合。 -IKONOS 图像也许会引发用户的高采购成本 - 也许使用数据需要专业硬件 / 软件 -IKONOS 数据需要冗长的处理 -IKONOS 图像目视判读需要实地考察 -IKONOS 图像不具备以高光谱差异（多时相）区分植被的精度 - 不足以用于大面积详细的生境制图 - 云量和霾为使用光学传感器的监测带来挑战 - 超高分辨率（VHR）和高分辨率数据集还未全面测试并开发，仍存在阴影和混合像元的问题 - 获取和处理过于昂贵且耗费时间

爱知目标	种类	卫星	传感器	数据产品（如原始数据或派生数据）	针对爱知目标的使用	来源
5、10、11、12、15	光学（被动）及雷达（主动） 从高到低的空间分辨率 中度时间分辨率	印度遥感卫星（IRS）体系	基于多光学雷达的传感器位于11颗正在运转卫星上——世界上最大的民用遥感卫星星群	最主要数据产品是用不同空间、光谱、时间分辨率的图像进行各种应用以及气候监测和环境监测。最近将加入星群的卫星，以包括生物多样性保护的SARAL为主要用例，更专注于海洋研究	景观监测 保护区监测 生境制图和变化检测 - 广阔范围和空间模式 评估生境退化 - 大规模损失（如荒漠化） 生物多样性评估 - 所有物种丰富度和多样性指标 追踪压力和威胁 - 干扰识别 - 监测沙漠化	法国国家航天局（CNES）建立的印法合作和印度空间研究组织（ISRO）

爱知目标	起始 - 结束（若已结束）年份	地理覆盖范围	重访周期 /d	空间分辨率 /m	可用性	缺点 / 局限
5、10、11、12、15	第一颗卫星于1988年发射，星群中第一个仍在运行的卫星发射于2003年，SARAL计划在2013年发射	全球	多种	多种	商业使用	- 在物种变化上监测 / 预测生物多样性趋势并不是独立资源，需要用于与其他数据、模型和实测信息的结合。 - 限制因卫星 / 传感器不同而不同 SARAL可能只对海洋生物多样性监测有益 - 获取及处理过于昂贵且耗费时间

爱知目标	种类	卫星	传感器	数据产品（如原始数据或派生数据）	针对爱知目标的使用	来源
5、10、11、12	主动 中度空间分辨率 由低到高时间分辨率	欧洲遥感卫星 1&2	合成孔径雷达（SAR）	雷达图像	保护区监测 生境制图和变化检测 - 基于三维结构识别结构复杂的生境 - 珊瑚礁监测 - 在结构化环境内（冠层）生物多样性评估 - 复杂三维结构的生境（如森林）内动植物多样性 追踪压力、威胁及干扰 - 检测枯立木 - 由火灾造成的砍伐和其他损伤模式 - 识别和监测海洋酸化	欧洲航天局（ESA）

爱知目标	起始 - 结束（若已结束）年份	地理覆盖范围	重访周期 /d	空间分辨率 /m	可用性	缺点 / 局限
5、10、11、12	(1) 1991—2001; (2)1995—2001	全球	3/35/336	50	免费使用	- 在物种变化上监测 / 预测生物多样性趋势并不是独立资源，需要用于与其他数据、模型和实测信息的结合。 - 不能同时提供高分辨率和覆盖范围（地带宽度）

爱知目标	种类	卫星	传感器	数据产品（如原始数据或派生数据）	针对爱知目标的使用	来源
5、9、10、11、12、14	光学（被动） 高空间分辨率 高时间分辨率	快鸟	全色（PAN）与多光谱 (MS)	图像有 3 个级别：最少处理的影像、校正后的正射影像和供 GIS 分析使用的影像 基本影像——（无地理坐标参考的）可用的黑白或多光谱影像 标准影像——关注区域可用的黑白、多光谱或全色融合影像（有地理坐标参考的） 正射影像——除标准图像修正外经地形修正，并作为可用于 GIS 的底图，以黑白、多光谱或融合影像；关注区域可用	保护区监测 生态监测 生境制图和变化检测 - 绘制连续的、小尺度的同质的生境、交错群落或拼接区域（如珊瑚礁） 评估生境退化 - 识别小尺度森林退化 - 开垦与退化的快速检测 生物多样性监测 - 所有物种的丰富度和多样性指标 - 描绘物种级别的树冠 / 树丛范围 追踪压力与威胁 - 小尺度干扰探测 - 海洋酸化识别及监测	数字地球

爱知目标	起始 - 结束（若已结束）年份	地理覆盖范围	重访周期 /d	空间分辨率 /m	可用性	缺点 / 局限
5、9、10、11、12、14	2001	全球	4	<1 (PAN) - 2.4 -2.8 (MS)	商业使用	- 在物种变化上监测 / 预测生物多样性趋势上并不是独立资源，需要用于与其他数据、模型和实测信息的结合。 - 不足以用于大面积详细的生境制图 - 云量和霾给光学传感器的监测带来挑战 - 超高分辨率（VHR）的光学数据集在全范围尚未开发或测试，以及在无云影像、阴影和混合像元上也存在挑战 - 获取和处理过于昂贵且耗费时间

爱知目标	种类	卫星	传感器	数据产品（如原始数据或派生数据）	针对爱知目标的使用	来源
5、11、12、14、15	光学（被动） 中 - 高空间分辨率 高时间分辨率	地球观测卫星系统(SPOT)	全色（PAN）和多光谱的 (MS)、红外和短波红外	一系列的高分辨率、有或无正射校正的多光谱近红外和短波红外影像	保护区监测 生态监测 小尺度生境监测 - 生境及退化快速探测 生物多样性监测 - 所有物种丰富度和多样性指标 追踪压力和威胁 - 干扰探测 - 监测干旱及沙漠化 农业监测 - 粮食产量 海洋学 气候学	Astrium
5、6、10	光学（被动） 低空间分辨率 高时间分辨率	宽视场水色扫描仪(Sea WiFS)	光学扫描仪	混浊度系数 气溶胶光学厚度 叶绿素 - 有色溶解有机物（CDOM）比例指数 叶绿素 a 光合有效辐射 无机 / 有机碳颗粒浓度 海面温度质量 海面反射 海面温度	监测珊瑚礁和海洋酸度	GeoEYE

爱知目标	起始 - 结束（若已结束）年份	地理覆盖范围	重访周期 /d	空间分辨率 /m	可用性	缺点 / 局限
5、11、12、14、15	SPOT 1 (1986—1990) SPOT 2 (1990—2009) SPOT 3 (1993—1997) SPOT 4 (1998—2013) SPOT 5 (2002) SPOT 6 (2012) SPOT 7 预期于 2014 年发射	全球	1 ～ 4 根据任务可每天重复访问	SPOT 1-4 (10 ～ 20) SPOT 5 (2.5 ～ 5) SPOT 6-7 (1.5)	商业使用	- 在物种变化上监测 / 预测生物多样性趋势并不是独立资源，需要用于与其他数据、模型和实测信息的结合。 - 云量和霾为使用光学传感器的监测带来挑战 - 超高分辨率（VHR）的光学数据集在全范围尚未开发或测试，及在无云影像、阴影和混合像元上也存在挑战 - 获取和处理过于昂贵且耗费时间
5、6、10	1997—2010	全球	1 ～ 2	1 100	免费使用	- 在物种变化上监测 / 预测生物多样性趋势并不是独立资源，需要与其他数据、模型和实测信息相结合。 - 专注于海洋 - 云量和霾为使用光学传感器的监测带来挑战 - 超高分辨率（VHR）的光学数据集在全范围尚未开发或测试，在无云影像、阴影和混合像元上也存在挑战

爱知目标	种类	卫星	传感器	数据产品（如原始数据或派生数据）	针对爱知目标的使用	来源
5、10、11、14	光学（被动） 低空间分辨率 高时间分辨率	先进的超高分辨率辐射计（1-3）	AVHRR 1 包括 4 个通道辐射计 AVHRR 2 包括 5 个通道辐射计 AVHRR 3 包括 6 个通道辐射计	数据可用于四个数据集： 全球区域覆盖 (GAC) 数据集 当地区域覆盖 (LAC) 数据集 高分辨率影像传输 (HRPT) 是实时下行数据 全分辨率区域覆盖（FRAC）	大规模的生境制图和退化作用 - 区域生态变化及气候变化的早期预警（光合作用） - 森林砍伐实时警报 追踪压力和威胁（火灾与光合作用） 保护区监测 生态监测 - 珊瑚礁和海洋酸化	美国国家海洋和大气局（NOAA）
5、10、15	光学（被动） 低空间分辨率 高时间分辨率	Aquarius	专业辐射计	海表面盐度（SST）	监测珊瑚礁和海洋酸化 降雨、蒸发、土壤水分、大气水蒸气、海冰范围的补充观测	美国国家航空航天局（NASA）

爱知目标	起始 - 结束（若已结束）年份	地理覆盖范围	重访周期 /d	空间分辨率 /m	可用性	缺点 / 局限
5、10、11、14	1978 ～？ 1981 ～？ 1998 ～？	全球	6	1 100	免费使用	- 生境制图并非特别有用 - 不能用于变化探测和生物多样性评估 - 有限的生态系统监测能力，以土地覆盖为替代物并必须与其他数据结合 - 早期数据产品存在传感器标定、轨道偏移以及光谱和方向采样有限的问题 - 在生物多样性监测上并非是独立资源，需要与其他数据、模型和实测信息结合 - 云量和霾为光学传感器的监测带来挑战 - 超高分辨率（VHR）的光学数据集在全范围尚未开发或测试，在无云影像、阴影和混合像元上也存在挑战 - 获取和处理过于昂贵且耗费时间
5、10、15	2011	全球	7	150	免费使用	- 在生物多样性监测上并非是独立资源，需要与其他数据、模型和实测信息结合 - 云量和霾为使用光学传感器的监测带来挑战 - 专注于海洋

爱知目标	种类	卫星	传感器	数据产品（如原始数据或派生数据）	针对爱知目标的使用	来源
5、6、10、11	光学（被动） 中等空间分辨率 高时间分辨率	Seawinds: Quikscat	专业辐射计	海表面风向（SWV）	监测珊瑚礁和海洋酸化 海洋回应 大气 - 海洋耦合机制 年度及半年度热带雨林植被条件 日或季度冰缘线 / 浮冰群运动及变化	海洋和大气管理局（NOAA）
5、9、11、12	光学（被动）- 高光谱 高空间分辨率 高时间分辨率	WorldView-2	多光谱传感器（MS）	高分辨率全色波段和 8 条多光谱波段；4 个标准色（红、绿、蓝、近红外 -1）和 4 个新波段（沿海、黄色、红边和近红外 -2）、全彩图像	保护区监测 生态监测 生境制图和变化检测 - 绘制连续的、小尺度的、同质的生境、交错群落或拼接区域（如珊瑚礁） 评估生境退化 - 识别小尺度森林退化 生物多样性评估 - 所有物种的丰富度和多样性指标 - 描绘物种级别的树冠 / 树丛的范围 追踪压力与威胁 - 小尺度干扰探测	数字地球

爱知目标	起始 - 结束（若已结束）年份	地理覆盖范围	重访周期 /d	空间分辨率 /m	可用性	缺点 / 局限
5、6、10、11	1999—2009	全球	1	12.5 ～ 25	免费使用	- 在生物多样性监测上并非是独立资源，需要与其他数据、模型和实测信息结合 - 云量和霾给光学传感器的监测带来挑战 - 专注于海洋

爱知目标	起始 - 结束（若已结束）年份	地理覆盖范围	重访周期 /d	空间分辨率 /m	可用性	缺点 / 局限
5、9、11、12	2009	全球	1	0.46 (PAN) 1.84 (MS)	商业使用	- 在生物多样性监测上并非是独立资源，需要与其他数据、模型和实测信息结合 - 云量和霾为使用光学传感器的监测带来挑战 - 超高分辨率（VHR）的光学数据集在全范围尚未开发或测试，在无云影像、阴影和混合像元上也存在挑战

爱知目标	种类	卫星	传感器	数据产品（如原始数据或派生数据）	针对爱知目标的使用	来源
5、9、11、12	光学 / 被动 - 高光谱 高空间分辨率 高时间分辨率	机载	机载高光谱成像仪 (HyMAP)	高光谱图像生成 126 个光谱波段	生境制图和变化检测 - 区分低反差环境下生境类型，并识别森林相邻树种 评估生境退化 - 基于化学组成变化的植被生物多样性评估 - 植物群落高精度分类 - 在种或属尺度上绘制顶端树冠 - 识别入侵物种 - 光谱在物种丰富度和多样性上具有很高的异质性 追踪压力和威胁 - 识别基于叶面颜色变化和由于干扰造成的小尺度变化	Spectronics

爱知目标	起始 - 结束（若已结束）年份	地理覆盖范围	重访周期 /d	空间分辨率 /m	可用性	缺点 / 局限
5、9、11、12	1999	机载	机载	5	商业用途	- 在物种变化、监测 / 预测生物多样性趋势并不是独立资源，需要与其他数据、模型和实测信息结合。 - 不足以用于大面积详细的生境制图 - 云量和霾为使用光学传感器的监测带来挑战 - 超高分辨率（VHR）的光学数据集在全范围尚未开发或测试，在无云影像、阴影和混合像元上也存在挑战 - 树冠形状和位置、太阳照度、传感器几何位置、地形、光谱变化都对机载光谱特征产生巨大影响 - 在空间分辨率上需要超高性能机载 HiFIS 以区分个体树冠，这对于物种尺度的测定十分必要 - 获取和处理价格昂贵且耗费时间

爱知目标	种类	卫星	传感器	数据产品（如原始数据或派生数据）	针对爱知目标的使用	来源
5、9、11、12	光学 / 被动 - 高光谱 高空间分辨率 高时间分辨率	机载	机载可见光 / 红外成像光谱仪（AVIRIS）	校准在波长 400 ～ 2 500 nm 范围内拥有 224 个连续光谱通道（波段）的上行光谱辐亮度影像	生境制图和变化检测 - 区分低反差环境下生境类型，并识别森林相邻树种 评估生境退化 - 基于化学组成变化的植被生物多样性评估 - 植物群落高精度分类 - 在种或属尺度上绘制顶端树冠 - 识别入侵物种 - 光谱异质性与物种丰富度和多样性的相关性 追踪压力和威胁 - 识别基于叶面颜色变化和由于干扰造成的小尺度变化	美国国家航空航天局（NASA）

爱知目标	起始 - 结束（若已结束）年份	地理覆盖范围	重访周期 /d	空间分辨率 /m	可用性	缺点 / 局限
5、9、11、12	1983 年首次研发、2012 年更新	机载	机载	2	免费使用、商业使用	- 在物种变化、监测 / 预测生物多样性趋势上并不是独立资源，需要与其他数据、模型和实测信息结合； - 目前只有 2006—2013 年的数据可下载。如果有可能，2006 年之前的数据需要根据需求处理 - 大面积详细的生境制图并不充分 - 云量和霾为使用光学传感器的监测带来挑战 - 超高分辨率（VHR）的光学数据集在全范围尚未开发或测试，在无云影像、阴影和混合像元上也存在挑战 - 树冠形状和位置、太阳照度、传感器位置、地形、光谱变化都对机载光谱特征产生巨大影响 - 在空间分辨率上需要超高性能机载 HiFIS 以区分个体树冠，这对于物种尺度的测定十分必要 - 获取和处理价格昂贵且耗费时间

爱知目标	种类	卫星	传感器	数据产品（如原始数据或派生数据）	针对爱知目标的使用	来源
5、9、11、12	光学 / 被动 - 高光谱 高空间分辨率 高时间分辨率	机载	机载成像光谱仪 (APEX) http://www.apex-esa.org/	多达 520 条光谱带 (380 ～ 2 500 nm) 的辐射定标数据	世界上唯一能同时测定叶面色素含量和叶绿素荧光的传感器。 已被用于评估物种多样性、色素多样性和植物功能特征	苏黎世大学、VITO 和欧洲航天局（ESA）
5、11、12	主动雷达 高 - 中等时空分辨率	TerraSAR-X 和 Tandem-X	合成孔径雷达（SAR）	WorldDEM：一个世界范围的同类的数字地面模型数据 (DEM) 附加单个影像产品	保护区监测 生境制图和变化检测 - 基于三维结构识别结构复杂的生境 - 在结构化环境内（冠层）生物多样性评估 - 复杂三维结构的生境（如森林）内动植物多样性 追踪压力和威胁 - 检测枯立木 - 由火灾造成的砍伐和其他损伤模式	德国航空航天中心（DLR）和 EADS Astrium

爱知目标	起始 - 结束（若已结束）年份	地理覆盖范围	重访周期 /d	空间分辨率 /m	可用性	缺点 / 局限
5、9、11、12	2009 年起运作	区域	机载	1.5 ～ 5 m, 与飞行高度有关	数据免费和 / 或商业使用	第四代成像光谱仪具有内置校准源和绝对辐射定标 标准处理包括的可追踪的校准辐亮度，含 BRDF 校正。全自动数据处理流程向用户配送终端产品。创造巨大的数据集
5、11、12	TerraSAR - 2007 TandemX - 2010	全球	11 (3 ～ 4 极点处） 任务分配 1-3	1 ～ 18 为个别产品 2 ～ 10 为 WorldDEM	商业使用	- 不足以用于大面积详细的生境制图 -VHR 和高分辨率数据集存在对阴影和混合像元的问题 - 不能同时提供高分辨率和大覆盖范围（地带宽度） 获取及处理昂贵且耗时

爱知目标	种类	卫星	传感器	数据产品（如原始数据或派生数据）	针对爱知目标的使用	来源
5、9、11、12	光学 / 被动 - 高光谱中等时空分辨率	E0-1	高分辨率高光谱成像仪能拥有 220 条光谱波段（Hyperion） 先进的陆地成像仪（ALI） 成像光谱阵列（LEISA） 大气校正器（LAC）	Hyperion——高分辨率高光谱成像 ALI——全色及多光谱	生境制图和变化检测 - 区分低反差环境下生境类型，并识别森林相邻树种 评估生境退化 - 基于化学组分变化的植被生物多样性评估 - 植物群落高精度分类 - 在种或属尺度上绘制顶端树冠 - 识别入侵物种 - 光谱异质性与物种丰富度和多样性的相关性 追踪压力和威胁 - 识别基于叶面颜色变化和由于干扰造成的小尺度变化	美国国家航空航天局（NASA）

爱知目标	起始 - 结束（若已结束）年份	地理覆盖范围	重访周期 /d	空间分辨率 /m	可用性	缺点 / 局限
5、9、11、12	2000	全球	16	30	免费使用	- 在物种变化上监测 / 预测生物多样性趋势并不是独立资源，需要用于与其他数据、模型和实测信息相结合； - 云量和霾为使用光学传感器的监测带来挑战

爱知目标	种类	卫星	传感器	数据产品（如原始数据或派生数据）	针对爱知目标的使用	来源
5、11、12	主动雷达 中等空间分辨率 低时间分辨率	JERS-1 SAR	一个 L 波段 (HH 极化) 合成孔径雷达 (SAR); 一个天顶观测光学相机 (OPS) 一个侧视光学相机 (AVNIR)	可用的雷达和光学影像数据生成从可见区到短波红外波段 7 个波段并能在近红外光谱获取立体数据	保护区监测 生境制图和变化检测 - 基于三维结构识别结构复杂的生境 - 在结构化环境内（冠层）生物多样性评估 - 复杂三维结构的生境（如森林）内动植物多样性 追踪压力和威胁 土地调查 农林渔业 灾害预防与监测 沿海监测 自然资源定位	日本宇宙航空研究开发机构（JAXA）

爱知目标	起始 - 结束（若已结束）年份	地理覆盖范围	重访周期 /d	空间分辨率 /m	可用性	缺点 / 局限
5、11、12	1992—1998	全球	44	18	免费使用	- 已停止使用 - 不易区分高异质性生境内的物种，阴影和混合像元是目前大规模绘制详细生境的挑战 - 因其为静止卫星，低时间分辨率和对均质影像分类的不一致性，因此不适用于变化检测 - 在热带地区寻找补充 / 辅助数据集（如 DEMs）有困难 -L 波段不能同时提供高分辨率和大覆盖范围

爱知目标	种类	卫星	传感器	数据产品（如原始数据或派生数据）	针对爱知目标的使用	来源
5、9、11、12	光学 / 被动 - 高光谱高时空分辨率	机载	紧凑的光谱分析成像仪（CASI）	多光谱图像	生境制图和变化检测 - 区分低反差环境下生境类型，并识别森林相邻树种 评估生境退化 - 基于化学组成变化的植被生物多样性评估 - 植物群落高精度分类 - 在种或属尺度上绘制顶端树冠 - 识别入侵物种 - 光谱异质性与物种丰富度和多样性的相关性 追踪压力和威胁 - 识别基于叶面颜色变化和由于干扰造成的小尺度变化	加拿大 Itres Research Ltd. Of Calgary

爱知目标	起始 - 结束（若已结束）年份	地理覆盖范围	重访周期 /d	空间分辨率 /m	可用性	缺点 / 局限
5、9、11、12	多种	机载	机载	1+	公开可用（也许并不免费）	- 在物种变化、监测 / 预测生物多样性趋势上并不是独立资源，需要与其他数据、模型和实测信息结合。 - 不足以用于大面积详细的生境制图 - 云量和霾为使用光学传感器的监测带来挑战 - 超高分辨率（VHR）的光学数据集在全范围尚未开发或测试，在无云影像、阴影和混合像元上也存在挑战 - 树冠形状和位置、太阳照度、传感器几何位置、地形、光谱变化都对机载光谱特征产生巨大影响 - 在空间分辨率上需要超高性能机载 HiFIS 以区分个体树冠，这对于物种尺度的测定十分必要 - 获取和处理价格昂贵且耗费时间

爱知目标	种类	卫星	传感器	数据产品（如原始数据或派生数据）	针对爱知目标的使用	来源
5、9、11、12	光学和化学 被动 高时空分辨率	机载	高保真成像光谱仪 (HiFIS)	二维图像，但有第三维度属性描述 植物林冠的光谱特征	生境制图和变化检测 - 区分低反差环境下生境类型，并识别森林相邻树种 评估生境退化 - 基于化学组成变化的植被生物多样性评估 - 植物群落高精度分类 - 在种或属尺度上绘制顶端树冠 - 识别入侵物种 - 光谱不均匀性与物种丰富度和多样性的联系 追踪压力和威胁 - 识别基于叶面颜色变化和由于干扰造成的小尺度变化	卡内基机载天文台

爱知目标	起始 - 结束（若已结束）年份	地理覆盖范围	重访周期 /d	空间分辨率 /m	可用性	缺点 / 局限
5、9、11、12	多种	机载	机载	<1+	公开可用（也许并不免费）	- 尽管 HiFIS 在技术上已经充分发展，但从光谱中提取分类信息在理论和算法上仍停留在发展早期 - 在物种变化、监测 / 预测生物多样性趋势上并不是独立资源，需要与其他数据、模型和实测信息结合。 - 不足以用于大面积详细的生境制图 - 云量和霾为使用光学传感器监测带来挑战 - 超高分辨率（VHR）的光学数据集在全范围尚未开发或测试，在无云影像、阴影和混合像元上也存在挑战 - 树冠形状和位置、太阳照度、传感器几何位置、地形、光谱变化都对机载光谱特征产生巨大影响 - 在空间分辨率上需要超高性能机载 HiFIS 以区分个体树冠，这对于物种尺度的测定十分必要 - 获取和处理价格昂贵且耗费时间

爱知目标	种类	卫星	传感器	数据产品（如原始数据或派生数据）	针对爱知目标的使用	来源
4、5、10、11、12、14、15	光学 / 被动 低空间分辨率 高时间分辨率	Proba V	植被检测仪器	多光谱图像： 可见光 / 近红外： - 蓝色 (438 ～ 486nm) - 红色 (615 ～ 696nm) - 近红外 (772 ～ 914nm) 短波红外 (1 564 ～ 1 634nm)	- 注重植被的陆地观测 - 环境与农业气候条件 - 极端事件如干旱和洪水的影响 - 自然资源（土壤、水、牧场） - 作物和畜牧产量 - 流行疾病 - 荒漠化	欧洲航天局（ESA）

爱知目标	起始 - 结束（若已结束）年份	地理覆盖范围	重访周期 /d	空间分辨率 /m	可用性	缺点 / 局限
4、5、10、11、12、14、15	2013	全球	1 ～ 2	100 ～ 350	联系 ESA’s Prova-V 计划	- 主要技术测试 - 预期达到 2.5 年的短期使用年限 - 在物种变化上监测 / 预测生物多样性趋势并不是独立资源，需要用于与其他数据、模型和实测信息相结合。 - 云量和霾为使用光学传感器的监测带来挑战 - 获取和处理过于昂贵且耗费时间

附录5　遥感用于生物多样性监测的相对成本

基于EO方法监测生物多样性和报道爱知目标的相关花费如下。把这些成本考虑进去是部分或完全基于EO数据的项目计划的必要条件。尽管有这些成本（某些类型的遥感监测）比野外现场监测更具成本效益。为达到爱知目标，未来将会针对每个目标对比分析这两种监测方法的经济成本。

5.1　数据产品

数据可由公共机构获取，如航天机构和国家地理空间机构或商业机构。一些航天机构采用开放数据库政策，几乎为所有用户提供免费数据。尽管如此，一个全面开放数据库的政策并不意味着快速便捷地得到数据，并且有时影像的发布要根据用户协议类型收取费用。详情见本书4.1.2节。

高分辨率影像通常可通过商业机构获取，并且其花费取决于使用的遥感技术、所需影像数量以及与数据提供者之间的特殊协议。

大多数常见流行卫星产品总结为附表5.1。每景影像价格按照2013年中期的美元标准估算[7]。

附表5.1　2013年中期多数常见流行卫星产品

卫星（传感器）	像元大小/m	最小订购区域/km^2	大概花费/$
NOAA (AVHRR)	1 100	不限	免费
EOS (MODIS)	250、500、1 000	不限	免费
SPOT-VGT	1 000	不限	免费
LANDSAT	15、30、60、100、120	不限	免费
ENVISAT (MERIS)	300	不限	免费
ENVISAT (ASAR)	150	不限	免费
SRTM (DEM)	90	不限	免费
EO-1 (Hyperion)	30	不限	免费
EOS (ASTER)	15、30、90	3 600	100、
SPOT-4	10、20	3 600	1 600～2 500
SPOT-5	2.5、5、10	400	1 300～4 000
SPOT-6	1.5、6.0	500	1 000～3 000
RapidEYE	5	500	700
IKONOS	1、4	100	1 000～2 000
QuickBird	0.6、2.4	100	2 500

注7：这个价格是购买单景影像的价格。如购买大量影像，单价可能会降低。

卫星（传感器）	像元大小 /m	最小订购区域 /km^2	大概花费 /$
GeoEYE	0.25、1.65	100	2 000 ～ 4 000
WorldView	0.5、2、4	100	2 600 ～ 7 400

来源：IKONOS、QuickBird、GeoEYE、WorldView 和 RapidEYE；Landinfo. SPOT 4 & 5；Astrium EADS. Aster；GeoVAR. SRTM DEM、Landsat、Hyperion、MERIS、ASAR、AVHRR、SPOT-VGT 和 MODIS；NASA、ESA 和土地覆盖设施。

5.2 数据分析

数据由自己分析或是由其他机构分析。航空机构因拥有相关的专业知识往往自己分析它们的数据。国家、省级和地方级机构可能会外包给商业机构分析数据，具体的花费依工作量和复杂程度而定。

5.3 数据验证

公司或机构生产数据的同时会对其进行验证，但是数据验证与更新也可以由具备相关知识的专家完成。通常在对数据进行编辑时，或在专家按照要求进行操作的情况下，按小时计算费用。

5.4 其他花费

除了以上花费，还有大量与利用对地观测进行生物多样性制图和监测相关的花费需要被考虑在内。考虑的主要类别如下：

- 硬件与软件花费
- 培训与技术支持花费
- 收集 EO 数据产品所需时间与数量
- 购买的 EO 产品

以下列举了以上每项类别的大概花费（按照 2013 年中期的美元购买力标准估算）。然而，这只是估算，还需按服务及产品提供者的建议，改进并重新对成本进行修改。下面提供的估算仅指采用商业产品的基本版本，该版本的软件将用于支持各类图像处理和分析需求。

5.4.1 硬件与软件花费

硬件需求能 / 应该包括：

- 电脑的产品：$2 000 ～ $4 000
- 绘图仪（或大型彩色打印机）：$4 500 ～ $13 500

软件需求包括：

- 图像处理软件
  - —ERDAS 专业版：1 个许可证 $13 500
  - —Exelis ENVI（无版本控制）：1 个许可证 $4 500
- 支持数据库集成、GIS 分析功能的 GIS 桌面软件

—ArcGIS 10，$3 000

—MapInfo，$2 000

- 免费开源的 GIS 软件

—ILWIS 3.8：开源且免费 , http://52north.org/

—GRASS GIS：http://grass.osgeo.org/

—gvSIG：http://www.gvsig.com/

—OpenJUMP GIS：http://www.openjump.org/

—MapWindow GIS：http://www.mapwindow.org/

—QGIS：http://www.qgis.org/en/site/

—uDig：http://udig.refractions.net/

5.4.2 培训与支持花费

该费用取决于使用的遥感数据进行地球观测监测的复杂程度，并需要 2 ～ 4 人数周内获取的野外数据的支持（时间和人员也取决于区域大小）。此外：

- 需要 GIS 和遥感的专业知识；
- 提供培训或雇佣人员。

决定是雇用专业人员还是培训内部人员的关键在于现有的和未来监测是否经常进行。对可能只是每 3 年执行一次的短期工作而言，可以不使用内部人员，而雇佣外部服务并与他们一起紧密合作可以确保工作质量并收获最好的结果。

5.4.3 EO 数据产品所需时间与数量

数据花费受如下影响：

- 紧迫性——紧急服务，越早获取数据花费越多；
- 数据年代——数据年代越久花费越少；
- 空间分辨率——空间分辨率越高花费越多；
- 产品级别——影像处理级别越高花费越多。